第六阶段重型柴油车
及重型柴油车用发动机
环保信息公开系统操作手册

王宏丽　肖　寒　唐祎骕　鲁嘉欣　主编

中国环境出版集团·北京

图书在版编目（CIP）数据

第六阶段重型柴油车及重型柴油车用发动机环保信息公开系统操作手册 / 王宏丽等主编. -- 北京 ：中国环境出版集团，2024. 9. -- ISBN 978-7-5111-5992-2

Ⅰ. X734.2-62

中国国家版本馆CIP数据核字第2024H6B470号

责任编辑 殷玉婷
装帧设计 宋　瑞

出版发行 中国环境出版集团
（100062　北京市东城区广渠门内大街16号）
网　　址：http://www.cesp.com.cn
电子邮箱：bjgl@cesp.com.cn
联系电话：010-67112765（编辑管理部）
发行热线：010-67125803，010-67113405（传真）
印装质量热线：010-67113404

印　　刷 北京中献拓方科技发展有限公司
经　　销 各地新华书店
版　　次 2024年9月第1版
印　　次 2024年9月第1次印刷
开　　本 787×960　1/16
印　　张 11.25
字　　数 186千字
定　　价 90.00元

编委会

主　编

王宏丽　肖　寒　唐祎骕　鲁嘉欣

编　委（按姓氏笔画排序）

马凌云　王明达　王鲁昕　付雨民
关　敏　张乐琦　张海燕　季　欧
赵　鑫　郝爱民　钱立运　滕　琦

前 言

随着生态环境治理研究的持续深入和治理水平的不断提升，我国环境管理对象及内容日趋精细化。汽车、飞机、船舶、非道路移动机械等移动污染源现已成为我国大中型城市污染的重要来源，其中重型柴油车由于占比大、排放严重，一直是当前移动源管理中的重点；生态环境部于2019年1月4日和2022年11月14日分别印发《柴油货车污染治理攻坚战行动计划》和《深入打好重污染天气消除、臭氧污染防治和柴油货车污染治理攻坚战行动方案》，说明对重型柴油车的监管迫在眉睫。

长期以来，重型柴油车一直应用于工业生产、城市建设、农业生产等行业运输工作中。根据《中国移动源环境管理年报（2023）》，2022年全国柴油车排放一氧化碳103.6万吨，碳氢化合物15.3万吨，氮氧化物456.1万吨，颗粒物5.0万吨；全国柴油车氮氧化物和颗粒物排放量分别占全国机动车氮氧化物和颗粒物总排放量的88.4%和99%以上，并且重型柴油车四项污染物的排放量均分别占柴油车四项污染物总排放量的五成以上。为贯彻落实《中华人民共和国大气污染防治法》，进一步加强对重型柴油车的监管与污染防治，2018年6月22日，生态环境部发布《重型柴油车污染物排放限值及测量方法（中国第六阶段）》（GB 17691—2018），要求自2021年7月1日起，所有生产、进口和销售的重型柴油车应符合标准第六阶段要求。

环保信息公开制度是重型柴油车环境管理制度体系中的重要一环。为贯彻落实《中华人民共和国大气污染防治法》要求，根据《关于开展机动车和非道路移动机械环保信息公开工作的公告》（国环规大气〔2016〕3 号），机动车生产、进口企业应在产品出厂或货物入境前，以随车清单的方式公开其生产、进口机动车的排放检验信息和污染控制技术信息。

本书基于当前重型柴油车实施的第六阶段排放标准要求，按机动车和非道路移动机械环保信息公开系统操作流程，为重型柴油车及重型柴油车用发动机生产、进口企业提供环保信息公开系统操作指导。

目录

第一章

适用范围、术语定义及操作流程

唐祎骕　滕　琦

一、适用范围

本操作手册适用于重型柴油车生产、进口企业（简称“重型柴油车企业”）和重型柴油车用发动机生产、进口企业（简称“重型柴油车用发动机企业”），见表 1.1。

表 1.1　重型柴油车及重型柴油车用发动机环保信息公开系统操作手册适用范围

适用对象	适用企业类型	车辆（发动机）类型	适用排放阶段	对应标准
重型柴油车及重型柴油车用柴油发动机	重型柴油车企业和重型柴油车用发动机企业	装用压燃式、气体燃料点燃式发动机的 M_2、M_3、N_1、N_2 和 N_3 类及总质量大于 3 500 kg 的 M_1 类汽车及其发动机	中国第六阶段（简称“国六”）	《重型柴油车污染物排放限值及测量方法（中国第六阶段）》（GB 17691—2018）（以下简称“重型国六”）、《机动车环保信息公开技术规范》（HJ 1350—2024）

二、术语定义

（一）环保信息公开

为了贯彻落实《中华人民共和国大气污染防治法》，重型柴油车企业及重型柴油车用发动机企业应当向社会公开其生产、进口重型柴油车及重型柴油车用发动机的环保信息，包括排放检验信息和污染控制技术信息。

（二）重型柴油车

重型柴油车指装用压燃式、气体燃料点燃式发动机的 M_2、M_3、N_1、N_2、N_3 及总质量大于 3 500 kg 的 M_1 类汽车。详见《重型柴油车污染物排放限值及测量方法（中国第六阶段）》（GB 17691—2018）。

（三）柴油机机型

柴油机机型指在《重型柴油车污染物排放限值及测量方法（中国第六阶段）》（GB17691—2018）附件 AA 中“柴油机基本特性”列出的参数无差异的同一类柴油机。

（四）柴油机系族

柴油机系族是生产企业按《重型柴油车污染物排放限值及测量方法（中国第六阶段）》（GB 17691—2018）“8 系族和源机”中要求所设计的一组柴油机，这些柴油机具有类似的排气排放特性；同一系族中所有柴油机都必须满足相同的排放限值。

（五）源机

源机指从柴油机系族中选出的、能代表这一柴油机系族排放特性的柴油机。

（六）车载排放诊断（OBD）系统

OBD 系统指安装在汽车和发动机上的计算机信息系统，属于污染控制装置，应具备下列功能：

1. 诊断影响发动机排放性能的故障。

2. 在故障发生时通过报警系统显示。

3. 通过存储在电控单元存储器中的信息确定可能的故障区域并提供信息离线通信。

（七）OBD 系族

OBD 系族是指生产企业划分的采用与排放相关的故障监测和诊断方法的发动机系统。

（八）颗粒物后处理装置

颗粒物后处理装置是指通过机械、空气动力学、扩散或惯性分离方式减少颗粒污染物（PM）排放量的排放后处理装置。

（九）便携式排放测试系统（PEMS）

PEMS 是指满足《重型柴油车污染物排放限值及测量方法（中国第六阶段）》（GB 17691—2018）中附录 K 要求的便携式排放测试系统。

（十）发动机（发动机系族）型式检验

发动机（发动机系族）型式检验是指发动机（发动机系族）的一种机型在设计完成后，对预期投放市场的新产品进行的定型试验，以验证产品能否满足《重型柴油车污染物排放限值及测量方法（中国第六阶段）》（GB 17691—2018）技术要求的检验。

（十一）车辆型式检验

车辆型式检验是指汽车的一种车型在设计完成后，对试制出来的新产品进行的定型试验，以验证产品能否满足《重型柴油车污染物排放限值及测量方法（中国第六阶段）》（GB 17691—2018）技术要求的检验。

（十二）排气后处理系统

排气后处理系统包括催化器［氧化型催化器（DOC）、三元催化器以及任何气体催化器］、颗粒物后处理系统、降氮氧化物系统、组合式降氮氧化物—颗粒物系统，以及其他各种安装在柴油机下游的削减污染物的装置。

（十三）机动车环保信息公开平台

机动车环保信息公开平台是服务机动车生产、进口企业开展机动车环保信息公开的平台（网址：www.vecc.org.cn），供政府有关部门、公众和企业查询使用。

（十四）环保信息随车清单

环保信息随车清单是机动车生产、进口企业在车辆制造完毕并经检验合格后，随车配发的符合本标准样式的环保信息清单。包括企业对该车辆满足排放标准和阶段的声明、车辆基本信息、排放检验信息、污染控制信息以及企业基本信息等内容。

（十五）发动机及底盘环保信息入库

发动机及底盘环保信息入库是指机动车生产、进口企业通过机动车环保信息公开平台备案重型车用发动机及重型车二类底盘的排放检验信息和污染控制技术信息等相关内容。

（十六）车辆识别代码（VIN）

VIN 是为了识别某一辆车，由车辆制造厂为该车辆指定的一组字码。

三、环保信息公开操作流程

依据企业类型，重型柴油车及重型柴油车用发动机信息公开操作流程可分为重型柴油车企业及重型柴油车用发动机企业信息公开操作流程。重型柴油车用发动机企业与重型柴油车企业的信息公开流程大部分一致，其中不同的地方主要有 2 点：

1. 重型柴油车企业在“前期准备”过程中，重型柴油车用发动机企业需将已信息公开的发动机对整车企业进行授权操作，完成后整车企业才能继续进行信息公开相关流程。

2. 重型柴油车企业“信息公开”工作完成后，需对该车型进行“随车清单上传”工作。

重型柴油车用发动机企业信息公开操作流程和重型柴油车企业信息

公开操作流程见图 1.1、图 1.2。

（一）重型柴油车用发动机企业

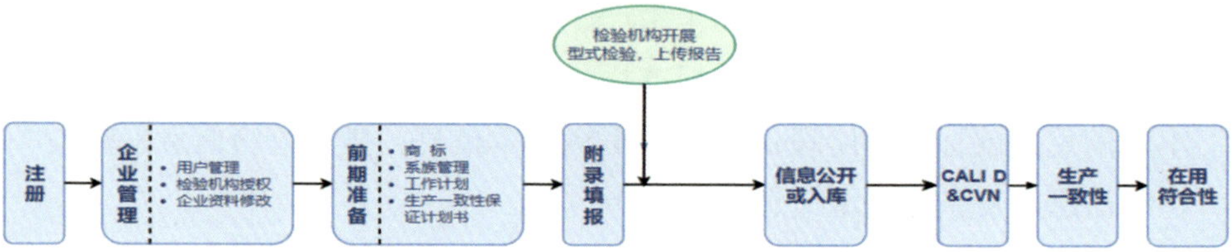

图 1.1　重型柴油车用发动机企业环保信息公开操作流程

（二）重型柴油车企业

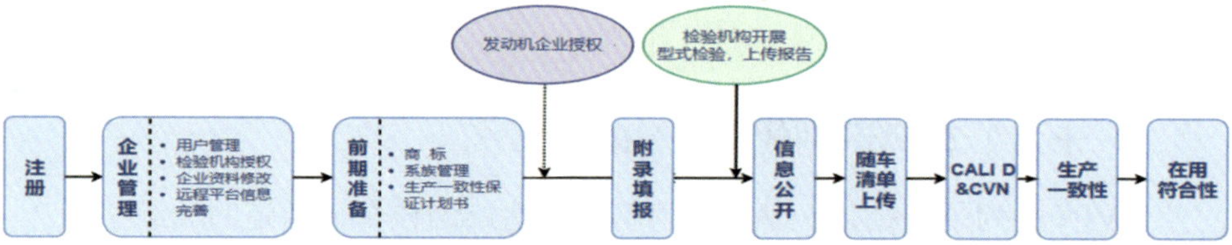

图 1.2　重型柴油车企业环保信息公开操作流程

第二章

注册与企业管理

郝爱民　王鲁昕

企业进行环保信息公开前，首先需要在机动车和非道路移动机械环保信息公开系统（简称“环保信息公开系统”）进行“注册”，并完成“企业管理”相关内容的填写。

一、注册

企业进入机动车环保网（www.vecc.org.cn），点击“企业环保信息公开系统”，见图 2.1。

图 2.1 企业环保信息公开系统入口

进入登录界面，点击“注册流程”进入注册页面，见图 2.2。

图 2.2　企业环保信息公开系统注册页面

企业需提供表 2.1 中全部材料，其中 1、2、3 项需在注册详细界面中点击下载。

表 2.1　注册账户提交资料清单

序号	材料名称	要求	备注
1	企业环保达标负责人登记表、法人授权书、达标负责人身份证复印件	全部材料电子扫描件、企业环保达标负责人登记表（Word 版）、环保信息公开系统用户注册登记表（Word 版）发送至指定邮箱	（1）邮件注明企业名称及联系方式 （2）纸质版加盖公章
2	环保信息公开企业责任承诺书		
3	环保信息公开系统用户注册登记表		
4	企业营业执照复印件、组织机构代码证（如有）复印件（已办理“三证合一”或是“五证合一”的，只需提供新营业执照复印件）		
5	进口企业需提供进口资质证明和国外制造商有效注册证明资料		

注：①待全部纸质材料收齐后，5 个工作日内完成核验；②审核通过后以电子邮件方式将注册好的用户名和密码发送至“环保信息公开系统用户注册登记表”中填写的电子邮箱。

企业按要求递交材料。机动车排污监控中心收到全部纸质材料后，

5 个工作日内完成信息核验；材料不符合要求的，以邮件方式通知企业补充材料，材料符合要求的，开通账户并以电子邮件方式将企业编号、管理员（Admin）账户密码及账户详细信息发送至企业邮箱。注册页面见图 2.3。

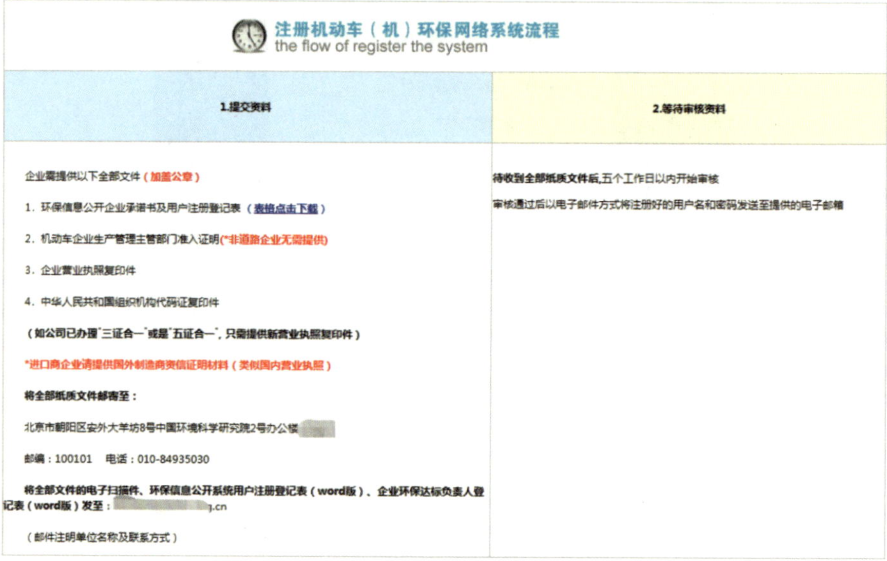

图 2.3　注册页面

系统页面与重型柴油车及重型柴油车用发动机环保信息公开相关的模块有：计划书、生产一致性和在用符合性、信息公开、数据查询、随车清单 / 单机、重型国六系族、授权管理、CAL ID&CVN、系统管理等。系统页面和模块见图 2.4。

图 2.4　系统页面和模块

二、企业管理

企业收到 Admin 账户后，进入机动车环保网，在页面右侧点击“企业环保信息公开系统”进入登录页面，见图 2.5。输入企业编号、用户名、密码和验证码，点击“登录”，进入主页面。

图 2.5　登录页面

初次登录的账户需修改初始密码。登录 Admin 账户，页面菜单显示首页和系统管理两个模块，见图 2.6。系统管理模块包括用户管理、检测机构授权、企业资料、个人信息、密码修改、网址维护、退出等。

图 2.6　系统首页及系统管理

（一）用户管理

只有 Admin 账户拥有用户管理功能。在主界面下，选择“系统管理”→“用户管理”，进入用户管理页面，见图 2.7。用户管理功能主要用于新增或删除账户，以及修改不同的账户权限。

图 2.7　用户管理页面

1. 新增账户

点击“新增”，填写相应信息并点击“提交”，即可创建新账户，账户密码将自动发送至填写的电子邮箱内。企业需要通过权限分配功能对账户进行权限分配。新增账户页面见图 2.8。

图 2.8　新增账户页面

2. 修改账户

在列表操作栏中点击修改按钮“✎”，修改已创建账户的信息。修改账户页面见图 2.9。

图 2.9　修改账户页面

3. 权限分配

在列表操作栏中点击修改按钮“ ”，可进行权限分配操作。企业可分配的权限包括计划书、生产一致性和在用符合性、信息公开、数据查询、随车清单 / 单机、报告管理、授权管理、其他操作（创建、发送、审核、公开信息公开表，创建年度报告）、重型国六系族、CAL ID &CVN、系统管理等，具体权限见表 2.2。勾选权限后可以进行相应模块的操作。附录 A、计划书和信息公开表三项重点填报流程均包含创建（发送）、审核、备案（公开）等操作，这些操作互相排斥，需分配到不同账户中。权限分配功能入口和权限分配页面见图 2.10 和图 2.11。

以下将拥有计划书、附录 A 或信息公开表创建及提交（发送）权限的账户称为“填报账户”，拥有审核权限的账户称为“审核账户”，拥有备案或公开权限的账户称为“备案账户”。

图 2.10　权限分配功能入口

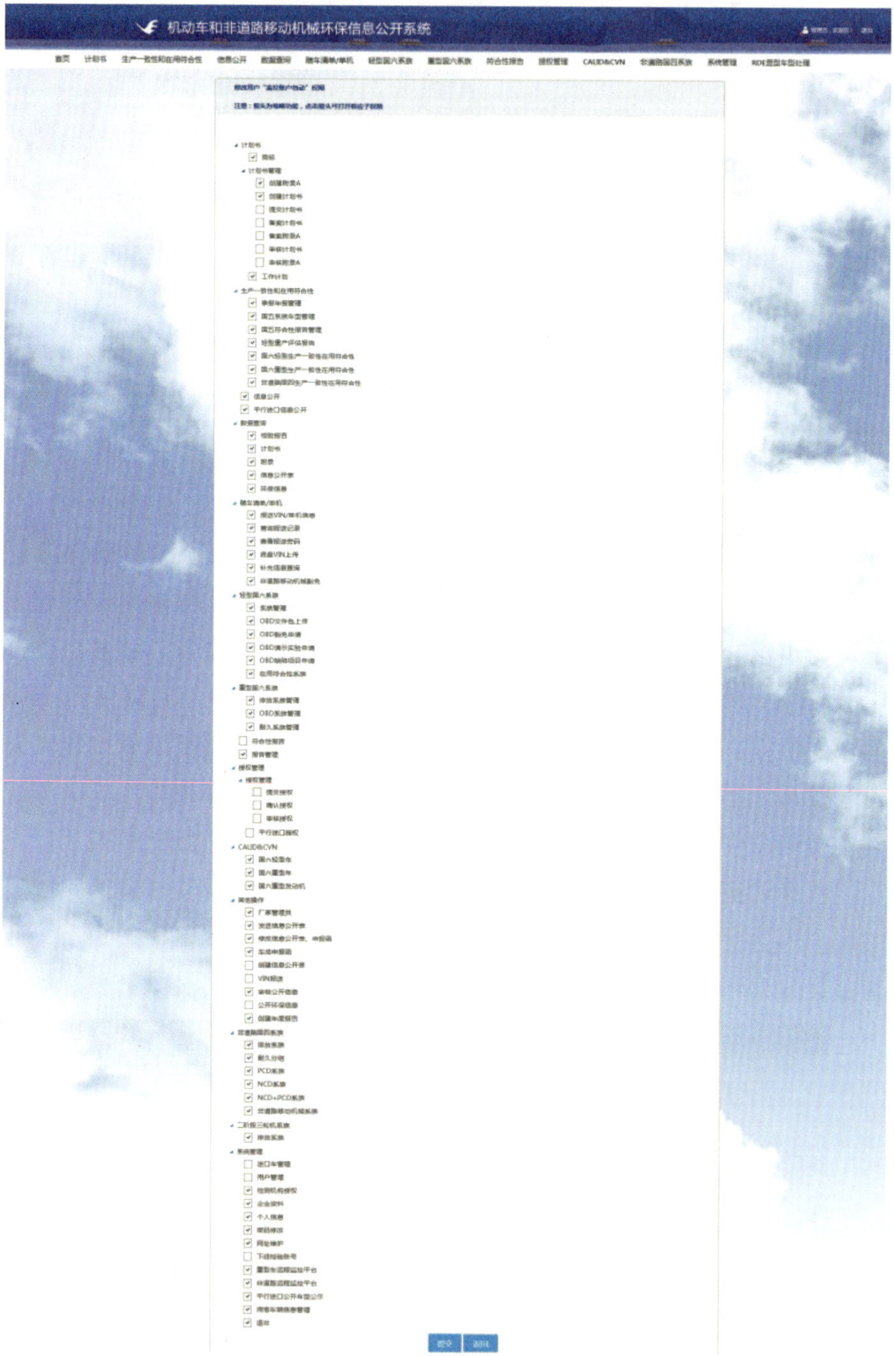

图 2.11　权限分配页面

表 2.2　权限分配清单

<table>
<tr><th colspan="2">一级菜单</th><th>二级菜单</th><th>备注</th></tr>
<tr><td rowspan="10">计划书</td><td>商标</td><td></td><td></td></tr>
<tr><td rowspan="7">计划书管理</td><td>创建附录 A</td><td rowspan="7">附录 A 与计划书的创建、备案、审核三项功能互相排斥，需分配到不同账户中</td></tr>
<tr><td>创建计划书</td></tr>
<tr><td>提交计划书</td></tr>
<tr><td>备案计划书</td></tr>
<tr><td>备案附录 A</td></tr>
<tr><td>审核计划书</td></tr>
<tr><td>审核附录 A</td></tr>
<tr><td>耐久过程实验数据</td><td>—</td><td>—</td></tr>
<tr><td>工作计划</td><td>—</td><td>—</td></tr>
<tr><td colspan="2" rowspan="7">生产一致性和在用符合性</td><td>季报年报管理</td><td rowspan="6">—</td></tr>
<tr><td>国五系族车型管理</td></tr>
<tr><td>国五符合性报告管理</td></tr>
<tr><td>轻型量产评估报告</td></tr>
<tr><td>国六轻型生产一致性在用符合性</td></tr>
<tr><td>国六重型生产一致性在用符合性</td></tr>
<tr><td>非道路国四生产一致性在用符合性</td><td>此权限与重型柴油车（机）信息公开无关</td></tr>
<tr><td colspan="2">信息公开</td><td>—</td><td>—</td></tr>
<tr><td colspan="2">平行进口信息公开</td><td>—</td><td>此权限与重型柴油车（机）信息公开无关</td></tr>
<tr><td colspan="2" rowspan="5">数据查询</td><td>检验报告</td><td rowspan="11">—</td></tr>
<tr><td>计划书</td></tr>
<tr><td>附录</td></tr>
<tr><td>信息公开表</td></tr>
<tr><td>环保信息</td></tr>
<tr><td colspan="2" rowspan="6">随车清单 / 单机</td><td>报送 VIN/ 单机信息</td></tr>
<tr><td>查询报送记录</td></tr>
<tr><td>查看报送密码</td></tr>
<tr><td>底盘 VIN 上传</td></tr>
<tr><td>补充信息查询</td></tr>
<tr><td>重型柴油车豁免</td></tr>
</table>

<table>
<tr><th colspan="2">一级菜单</th><th>二级菜单</th><th>备注</th></tr>
<tr><td colspan="2" rowspan="5">轻型国六系族</td><td>系族管理</td><td rowspan="5">此权限与重型柴油车（机）信息公开无关</td></tr>
<tr><td>OBD 文件包上传</td></tr>
<tr><td>OBD 豁免申请</td></tr>
<tr><td>OBD 演示实验申请</td></tr>
<tr><td>OBD 缺陷项目申请</td></tr>
<tr><td colspan="2" rowspan="3">重型国六系族</td><td>排放系族管理</td><td rowspan="12">—</td></tr>
<tr><td>OBD 系族管理</td></tr>
<tr><td>耐久系族管理</td></tr>
<tr><td colspan="2">符合性报告</td><td>—</td></tr>
<tr><td colspan="2">报告管理</td><td>—</td></tr>
<tr><td rowspan="4">授权管理</td><td rowspan="3">授权管理</td><td>提交授权</td></tr>
<tr><td>确认授权</td></tr>
<tr><td>审核授权</td></tr>
<tr><td>平行进口授权</td><td>—</td></tr>
<tr><td colspan="2" rowspan="3">CAL ID&CVN</td><td>国六轻型车</td></tr>
<tr><td>国六重型车</td></tr>
<tr><td>国六重型发动机</td></tr>
<tr><td colspan="2" rowspan="6">其他操作</td><td>厂家管理员</td><td rowspan="6">信息公开表的创建、审核、审核公开三项功能互相排斥，需分配到不同账户中</td></tr>
<tr><td>发送信息公开表</td></tr>
<tr><td>创建信息公开表</td></tr>
<tr><td>审核信息公开表</td></tr>
<tr><td>公开信息公开表</td></tr>
<tr><td>创建年度报告</td></tr>
<tr><td colspan="2" rowspan="6">非道路国四系族</td><td>排放系族</td><td rowspan="6">此权限与重型柴油车（机）信息公开无关</td></tr>
<tr><td>耐久分组</td></tr>
<tr><td>PCD 系族</td></tr>
<tr><td>NCD 系族</td></tr>
<tr><td>NCD+PCD 系族</td></tr>
<tr><td>重型柴油车系族</td></tr>
<tr><td colspan="2">二阶段三轮机系族</td><td>排放系族</td><td>此权限与重型柴油车（机）信息公开无关</td></tr>
<tr><td colspan="2" rowspan="2">系统管理</td><td>进口车管理</td><td rowspan="2">—</td></tr>
<tr><td>检测机构授权</td></tr>
</table>

一级菜单	二级菜单	备注
系统管理	企业资料	—
	个人信息	
	密码修改	
	网址维护	
	下线检验账号	
	重型车远程监控平台	
	非道路远程监控平台	
	平行进口公开车型公示	
	滞港车辆信息管理	
	退出	

（二）检测机构授权

检测机构授权功能主要是企业选择检测机构进行授权，授权后的检验机构可以下载附录等信息。选择“系统管理”→“检测机构授权”菜单进入授权页面，见图 2.12。在对应检验机构的操作栏点击图标可以进行授权或取消授权操作，显示为“”的检验机构未获得授权，点击“”可为其授权，显示为“”的检验机构已获得授权，点击“”可取消授权。

图 2.12　检验机构授权页面

（三）企业资料

选择“系统管理”→“用户管理”菜单进入企业资料页面，见图 2.13。

可以查看或修改企业信息，修改后点击“提交”保存修改信息。企业名称、地址、法定代表人、企业代码和电子邮箱等信息不可修改。

图 2.13　企业资料页面

重型柴油车企业需填写远程平台信息。点击“企业资料”→“远程平台”，按照《重型柴油车污染物排放限值及测量方法（中国第六阶段）》（GB 17691—2018）和《机动车环保信息公开技术规范》（HJ 1350—2024）要求填报企业自行建设平台的相关信息，并可通过右上角的“国家重型车平台”进入远程在线平台。远程平台信息页面见图 2.14。

图 2.14　远程平台信息页面

（四）个人信息

选择“系统管理”→“个人信息”菜单进入详细页面，可查看当前账户已有权限和相关信息，可对部分个人信息进行修改。修改后点击“提交”保存修改信息。用户名和电子邮件不可修改。个人信息页面见图2.15。

图2.15　个人信息页面

（五）密码修改

选择“系统管理”→“修改密码”菜单进入修改页面，用户可对系统的登录密码进行修改，修改完成后点击“提交”。修改密码页面见图2.16。

图 2.16　修改密码页面

（六）网址维护

点击“系统管理”→“网址维护”，可以新增、修改和删除企业网址。网址维护页面见图 2.17。

图 2.17　网址维护页面

第三章

重型柴油车用发动机环保信息公开

肖寒 关敏

重型柴油车用发动机企业完成注册和企业管理后，可以进行环保信息公开相关操作，包括商标、系族、工作计划和生产一致性保证计划书的填报、管理、附录填报及信息公开或入库，CAL ID&CVN 填报，并根据情况填写生产一致性和在用符合性相关情况。重型柴油车用发动机企业环保信息公开操作流程见图 1.1。

一、前期准备工作

在开展重型柴油车用发动机环保信息公开前，需要先完成商标维护、系族管理、工作计划和生产一致性保证计划书的填报。

（一）商标

“商标”模块位于首页“计划书”目录下，用于维护本企业重型柴油车用发动机商标，可以进行商标的新增、编辑和删除操作。商标管理页面见图 3.1。

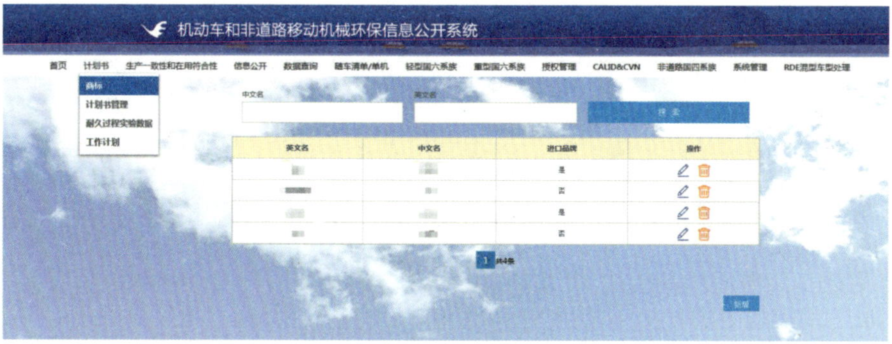

图 3.1　商标管理页面

1. 新增商标

点击商标列表页面的“新增”，在跳转页面完成商标的英文名、中文名的填报以及是否进口品牌的选择。完成填报后点击“提交”即可在列表中添加一条新商标信息。新增商标页面见图 3.2。

图 3.2　新增商标页面

2. 编辑商标

点击商标页面的编辑按钮“✎”，可对列表中的商标信息进行编辑修改。修改后点击“提交”即可保存修改。编辑商标页面见图 3.3。

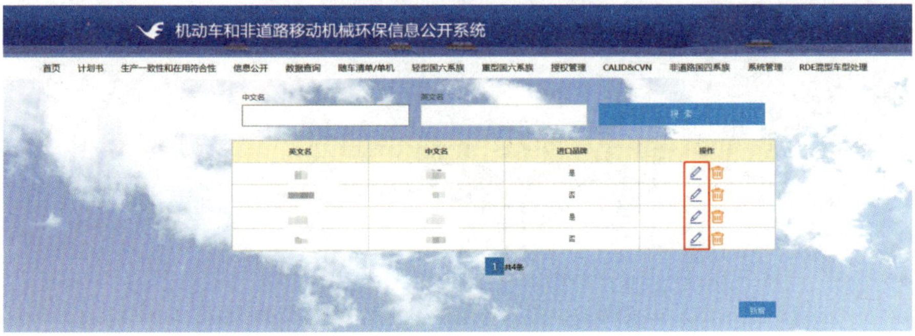

图 3.3　编辑商标页面

3. 删除商标

点击商标页面的“删除”按钮“”，并在弹出的提示框中选择“确定”，即可删除列表中的商标信息。删除商标操作页面见图 3.4。

图 3.4　删除商标操作页面

（二）系族管理

系族管理对应首页“重型国六系族”模块。可以填报排放系族、OBD 系族以及耐久系族。

1. 排放系族

在排放系族管理页面点击“新增”，完成对应内容的填报及文件上传后点击“提交”，即可在列表中新增一条信息。操作列可进行信息的编辑和删除操作。排放系族新增操作页面见图 3.5。

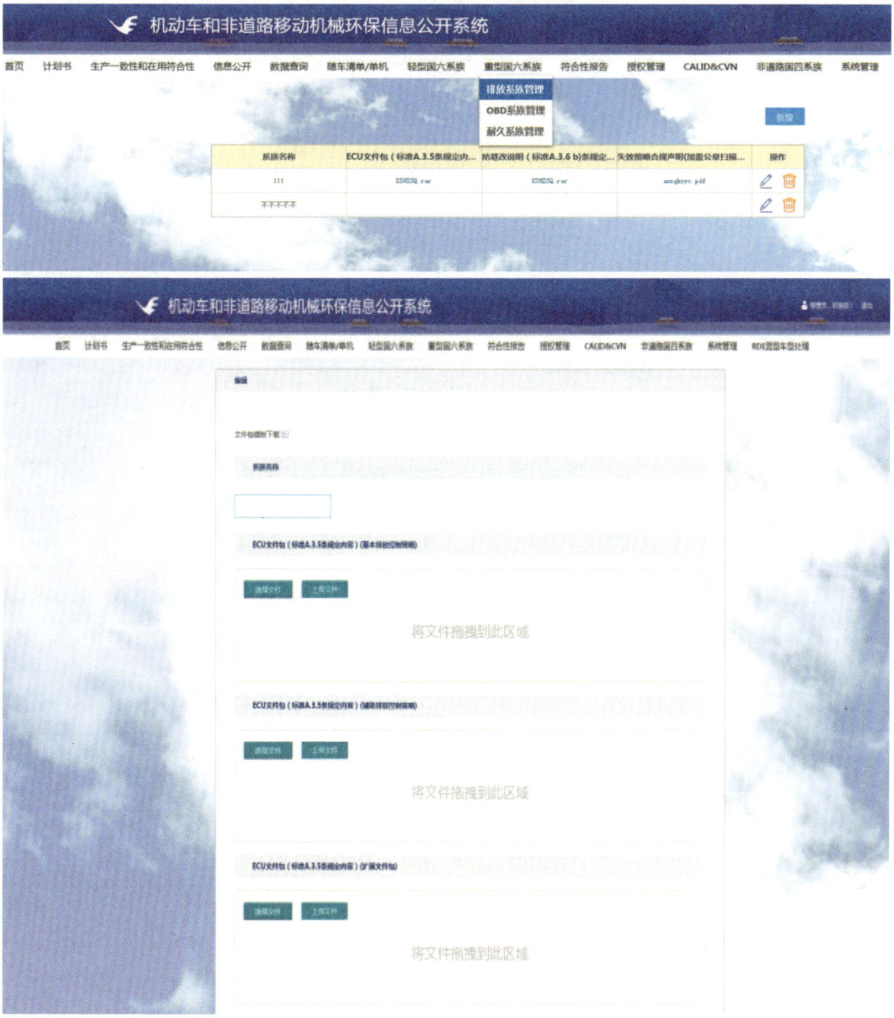

图 3.5 排放系族新增操作页面

2. OBD 系族

在 OBD 系族管理页面点击“新增”，完成对应内容的填报及文件上传后点击“提交”，即可在列表中新增一条信息。操作列可进行信息的编辑和删除操作。OBD 系族新增操作页面见图 3.6。

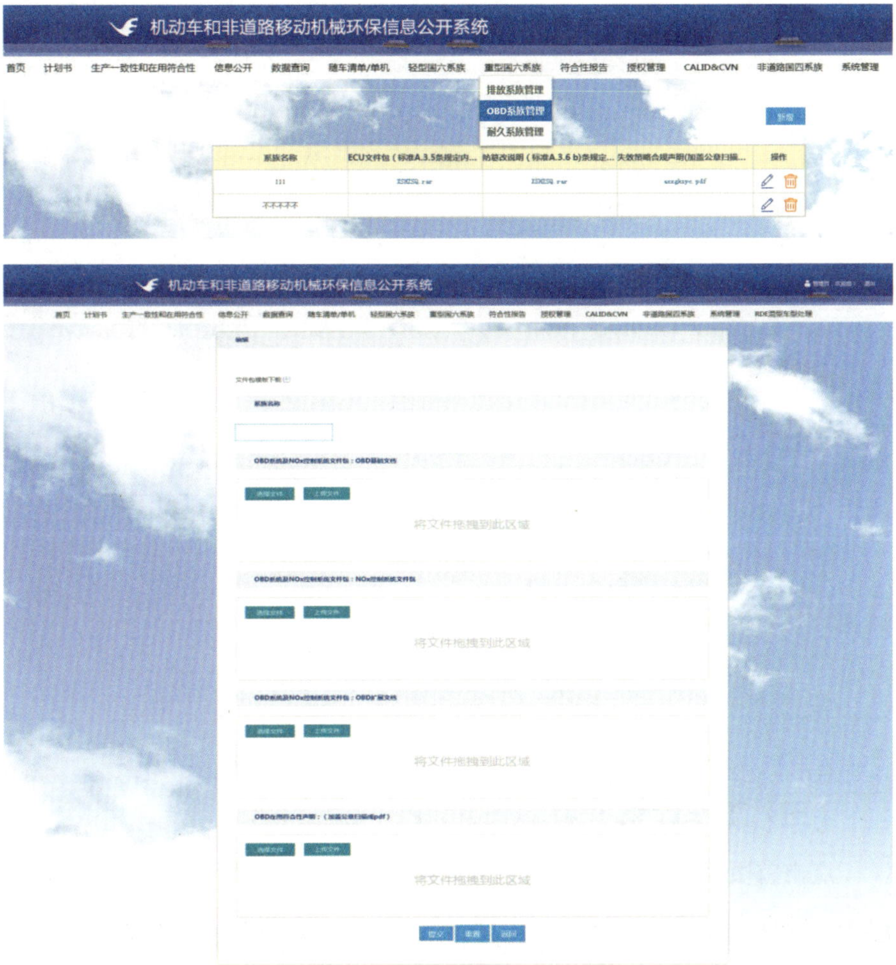

图 3.6　OBD 系族新增操作页面

3. 耐久系族

在耐久系族管理页面点击“新增”，完成对应内容的填报及文件上传后点击“提交”，即可在列表中新增一条信息。操作列可进行信息的编辑和删除操作。耐久系族新增操作页面见图 3.7。

图 3.7　耐久系族新增操作页面

（三）工作计划

点击首页“计划书”→“工作计划”进入工作计划页面（图 3.8）。

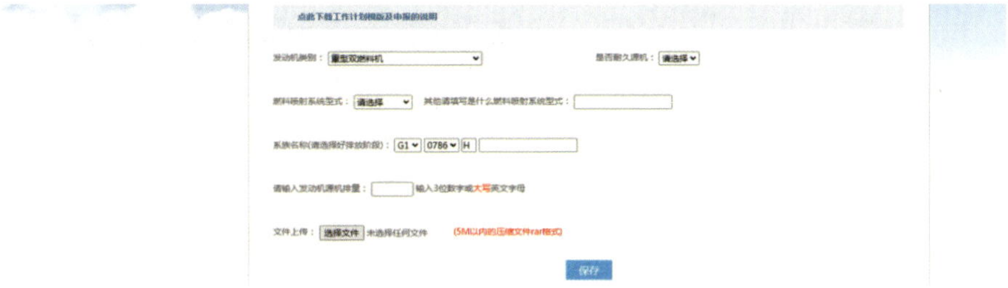

图 3.8　工作计划页面

企业需按要求完成相关信息的填报和文件上传，并点击“保存”。工作计划填报页面见图 3.9。

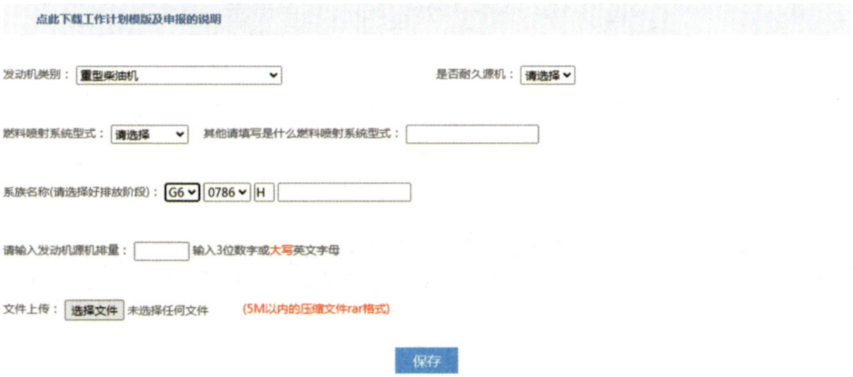

图 3.9　工作计划填报页面

（四）生产一致性保证计划书

“生产一致性保证计划书”模块位于首页“计划书”目录下，可以进行计划书的新增、编辑、提交和删除，并可创建对应附录。生产一致性保证计划书的创建、审核和备案需要不同权限账户进行操作。生产一致性保证计划书页面见图 3.10。

图 3.10　生产一致性保证计划书页面

1. 新建计划书

点击“创建计划书”后，填写内部编号，选择对应的排放阶段和车辆类别，点击“下一步”，进入“执行标准”填报页面。新建计划书页面见图 3.11。

图 3.11　新建计划书页面

进入“执行标准”填报页面（图 3.12），勾选执行的国家标准，填写系族名称和企业标准，点击“保存”后系统跳转至“车辆控制”页面。

图 3.12　执行标准填报页面

进入“车辆控制”页面，填写车辆质量控制相关文件，点击“保存”后系统跳转至“检测设备”页面。车辆控制填报页面见图 3.13。

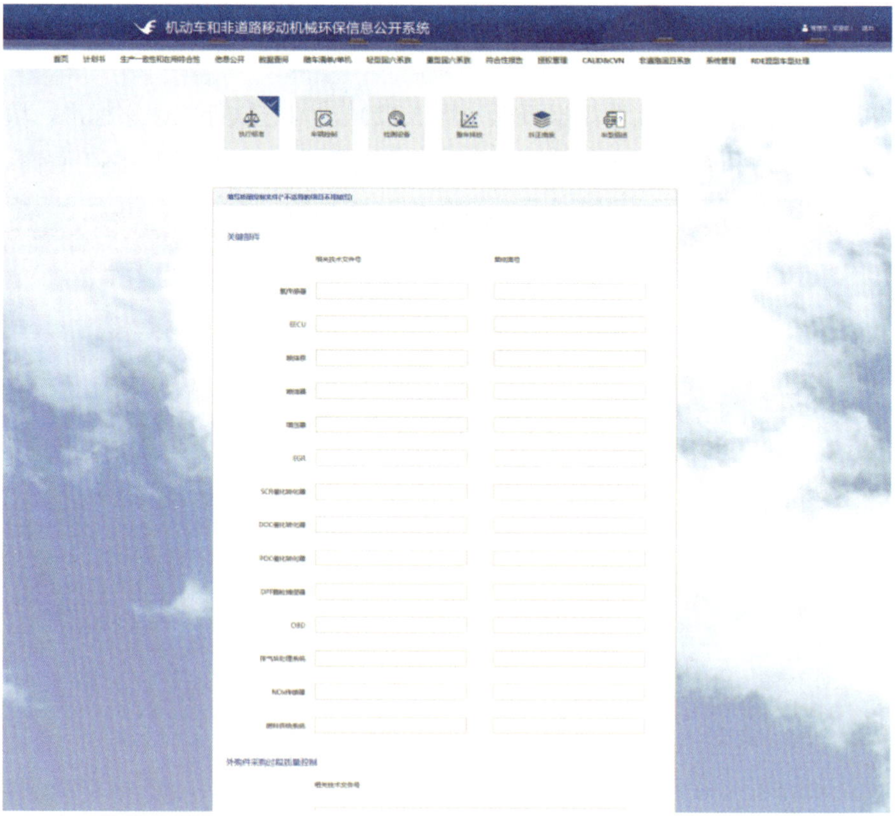

图 3.13　车辆控制填报页面

进入“检验设备”页面，填写检测设备管理相关内容，点击“保存”后跳转“整车排放”页面。检测设备填报页面见图 3.14。

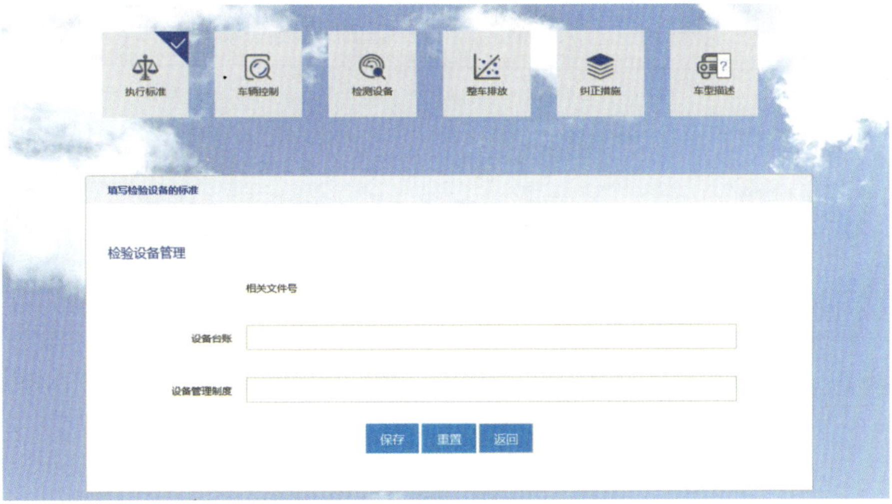

图 3.14　检测设备填报页面

进入“整车排放”页面，填写整车机排放检测文件管理相关内容，点击“保存”后系统跳转“纠正措施”页面。整车排放填报页面见图3.15。

图3.15　整车排放填报页面

进入“纠正措施”页面，填写纠正措施相关内容，点击“保存”后系统跳转至“车型描述”页面。纠正措施填报页面见图3.16。

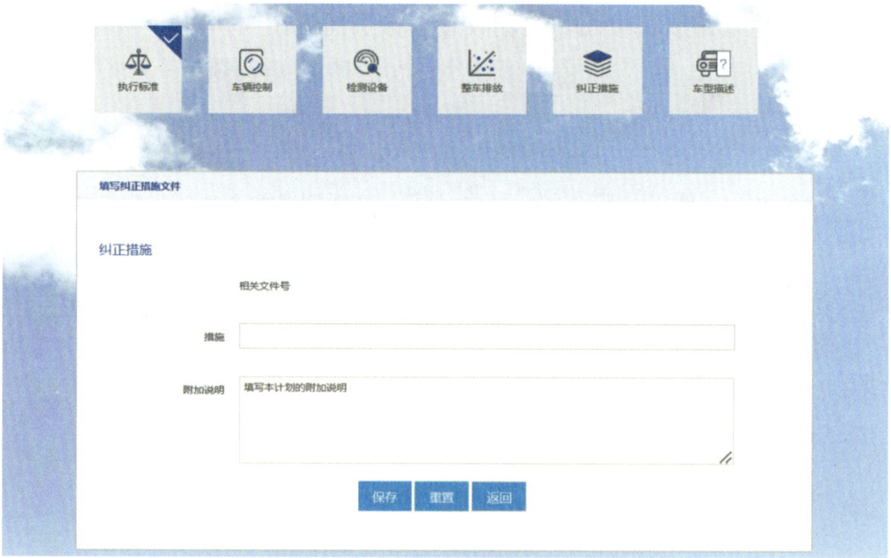

图3.16　纠正措施填报页面

点击“车型描述”页面将进入计划书的附录列表，附录填报详见本章“二、附录填报”。车型描述页面见图 3.17。

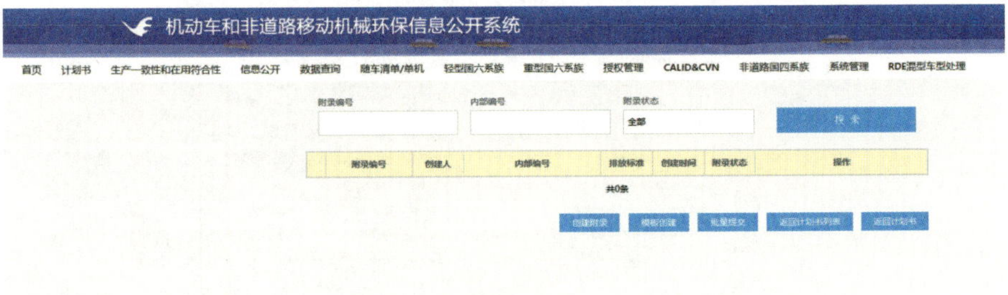

图 3.17　车型描述页面

2. 搜索计划书

计划书管理页面可根据计划书编号、内部编号和创建人搜索已创建的计划书，见图 3.18。

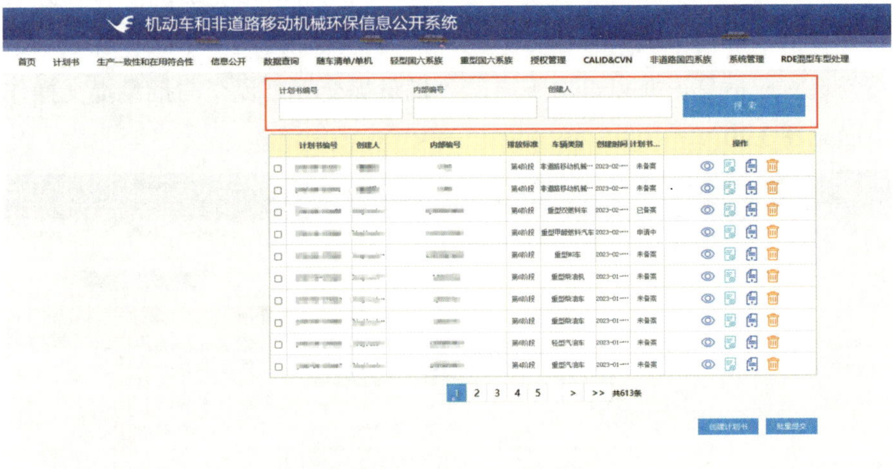

图 3.18　搜索计划书操作页面

3. 查看与修改

计划书管理页面可以看到已创建的计划书列表。操作栏中查看功能“”可以查看对应计划书内容并进行修改，见图 3.19。

图 3.19　查看与修改操作页面

4. 提交与批量提交

点击计划书操作列中的提交键“ ”，可将填报完成的工作计划表格提交至本部门审核人员进行审核。如需一次性提交多个工作计划表，可勾选对应信息，并点击右下方的“批量提交”。提交与批量提交操作页面见图 3.20。

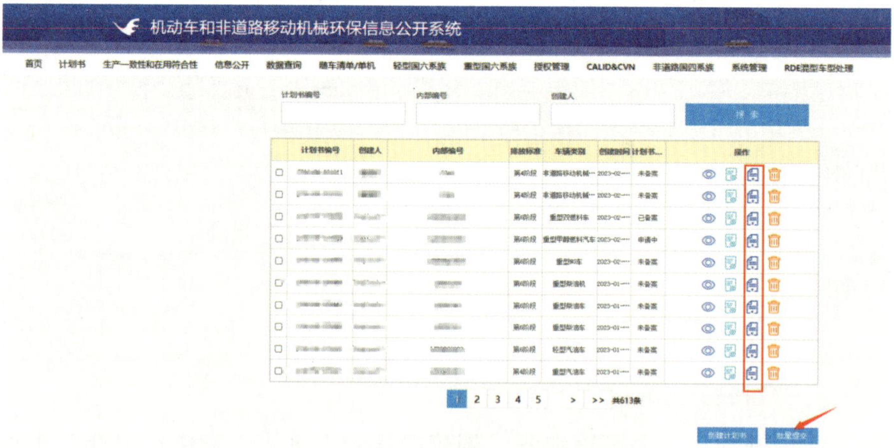

图 3.20　提交与批量提交操作页面

5. 审核与备案

填报账户在计划书列表中点击“ ”提交后，该计划书将提交审核账户，该计划书状态变为“申请中”。此时审核人员登录审核账户，点击对应计划书的审核按钮“”。审核账户操作页面见图 3.21。

图 3.21　审核账户操作页面

审核人员可进行审核通过或打回操作。点击“通过”，该计划书状态将变为“已审核待备案”，有待备案账户同意备案；填写原因并点击“打回”，该计划书状态将变为“被打回”，填报人员可在填报账户中进行信息修改。审核操作页面见图 3.22。

图 3.22　审核操作页面

审核人员通过后，备案人员登录备案账户，点击对应计划书的审核按钮“”。备案账户操作页面见图 3.23。

图 3.23　备案账户操作页面

备案人员可进行通过或打回操作。点击“通过”，该条计划书状态将变为“已备案”；填写原因并点击“打回”，则该计划书状态将变为“被打回”，填报账户可进行信息修改。备案操作页面见图 3.24。

图 3.24　备案操作页面

6. 删除计划书

操作列中删除按钮“”可以删除已创建的计划书。当计划书内有附录时无法直接进行删除，需将该计划书下所有附录删除后才可删除计划书。删除计划书操作页面见图 3.25。

图 3.25　删除计划书操作页面

二、附录填报

附录用于填报发动机具体参数。附录的创建、审核和备案需要不同权限账户进行操作。企业可在创建计划书时点击“车型描述”进入附录列表，见图 3.18，或在计划书列表中选择已创建的计划书，点击操作列附录图标“”，可进入附录列表。附录页面入口见图 3.26。

图 3.26　附录页面入口

（一）创建附录

在已创建好的重型柴油车发动机计划书下，点击“创建附录”，即可创建一个新的附录。点击“模板创建”，则可引用同车类同排放阶段已创建的附录，模板创建功能不支持跨车类、跨排放阶段。

根据实际情况填报发动机相关信息，如不适用可不填写。重型柴油车用发动机创建附录操作页面见图 3.27。

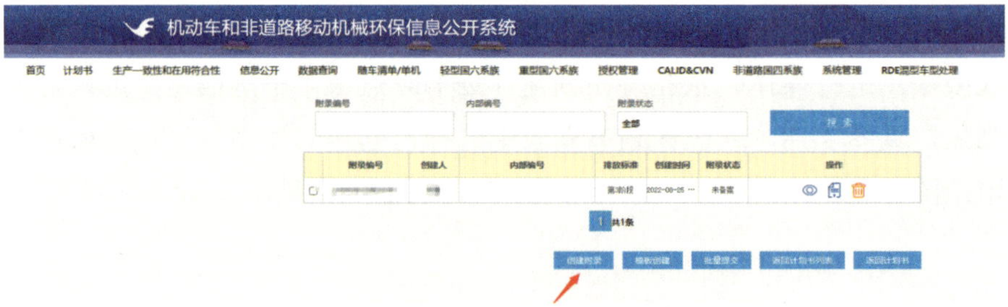

图 3.27　重型柴油车用发动机创建附录操作页面

点击创建模板后进入发动机信息填报页面（图 3.28），填写发动机“概述”，完成相关信息的上传，并点击“保存”。

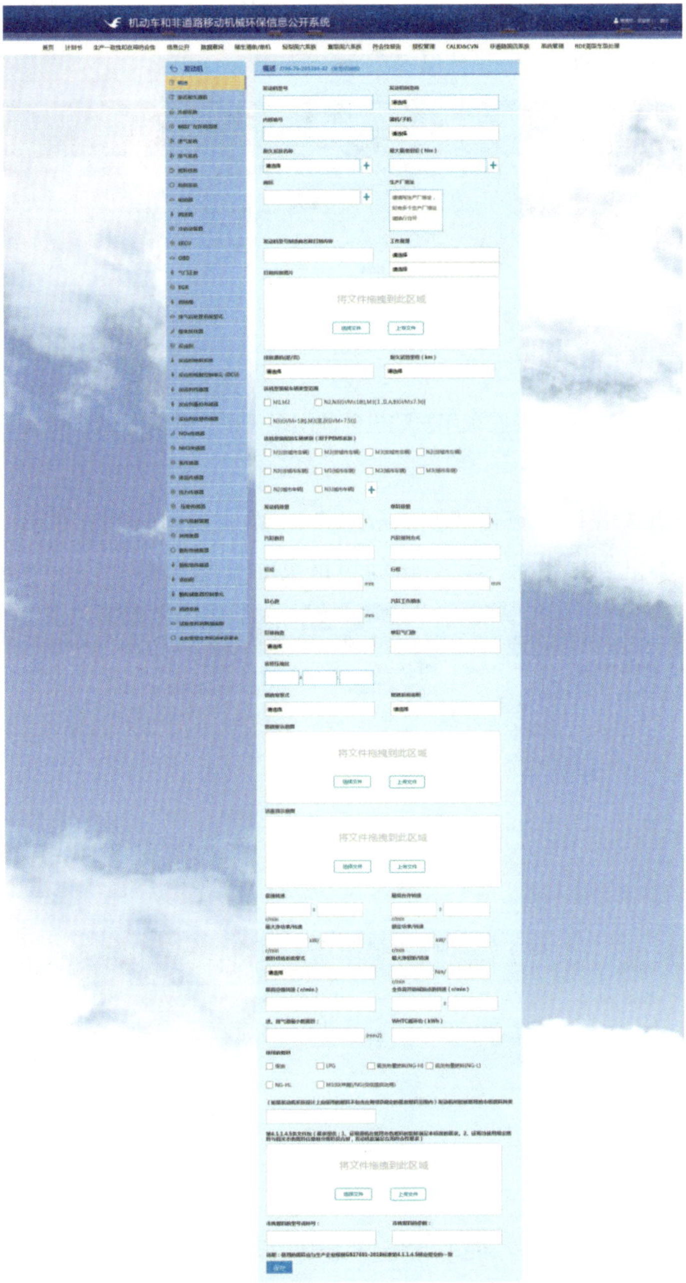

图 3.28　重型柴油车用发动机创建附录→概述页面

点击“是否耐久源机”，进入“是否耐久性试验”页面（图 3.29），完成对应内容填报，点击“保存”。

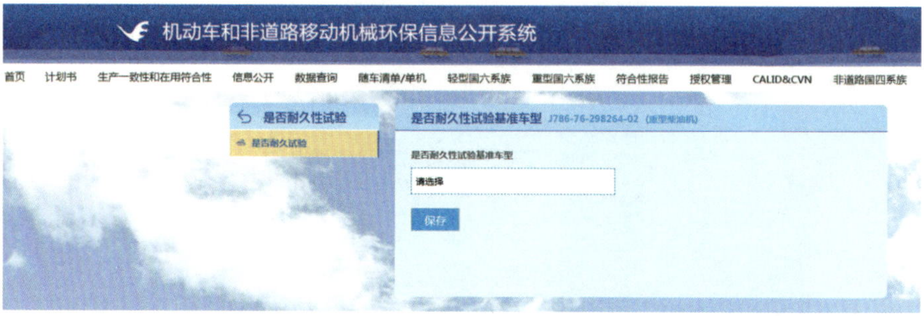

图 3.29　重型柴油车用发动机创建附录→是否耐久源机选择页面

若是耐久源机，点击“耐久试验”，添加试验时间并保存。重型柴油车用发动机创建附录→耐久试验填报页面见图 3.30。

图 3.30　重型柴油车用发动机创建附录→耐久试验填报页面

点击“冷却系统”，选择冷却方式，完成对应冷却方式的参数填报，点击“保存”。重型柴油车用发动机创建附录→冷却系统填报页面见图 3.31。

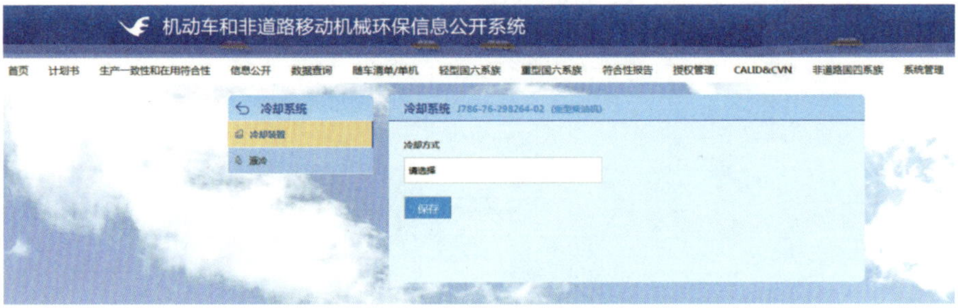

图 3.31　重型柴油车用发动机创建附录→冷却系统填报页面

点击“制造厂允许温度”，完成对应内容的填报，并点击“保存”。重型柴油车用发动机创建附录→制造厂允许温度填报页面见图 3.32。

图 3.32　重型柴油车用发动机创建附录→制造厂允许温度填报页面

点击“进气系统”，完成进气系统、进气节流阀、增压器、中冷器等内容的填写，并点击“保存”。重型柴油车用发动机创建附录→进气系统填报页面见图 3.33。

图 3.33　重型柴油车用发动机创建附录→进气系统填报页面

点击“排气系统”，完成排气系统、排气背压阀等内容的填报，并点击“保存”。重型柴油车用发动机创建附录→排气系统填报页面见图 3.34。

图 3.34　重型柴油车用发动机创建附录→排气系统填报页面

点击“燃料供给”，完成相关内容的填报并点击“保存”。重型柴油车用发动机创建附录→燃料供给填报页面见图 3.35。

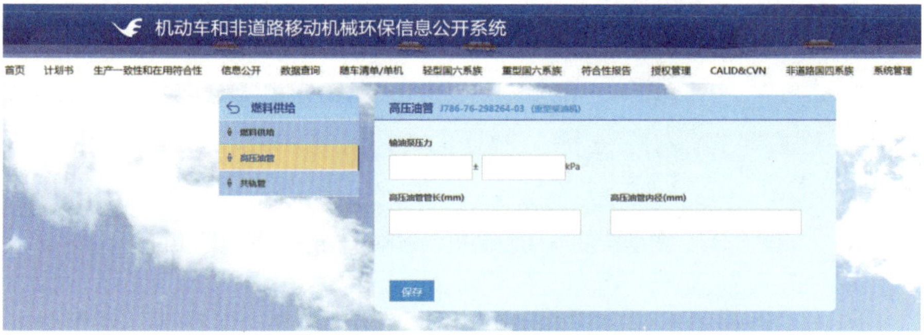

图 3.35　重型柴油车用发动机创建附录→燃料供给填报页面

点击“喷射系统”，完成相关内容的填报并点击“保存”。重型柴油车用发动机创建附录→喷射系统填报页面见图 3.36。

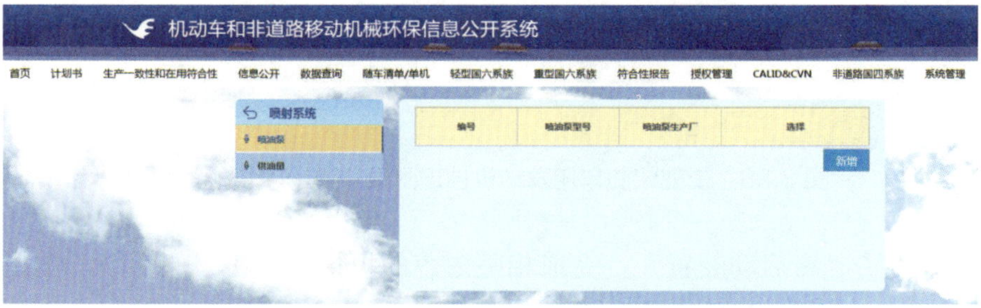

图 3.36　重型柴油车用发动机创建附录→喷射系统填报页面

点击“喷油器”，完成相关内容的填报并点击“保存”。重型柴油车用发动机创建附录→喷油器填报页面见图 3.37。

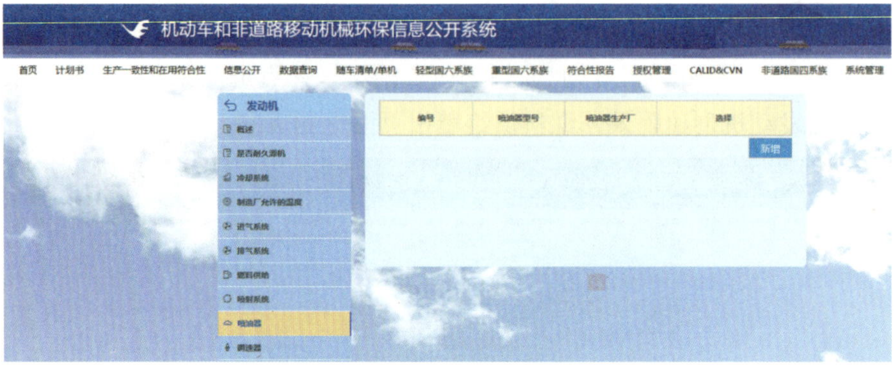

图 3.37 重型柴油车用发动机创建附录→喷油器填报页面

点击“调速器”，完成相关内容的填报并点击“保存”。重型柴油车用发动机创建附录→调速器填报页面见图 3.38。

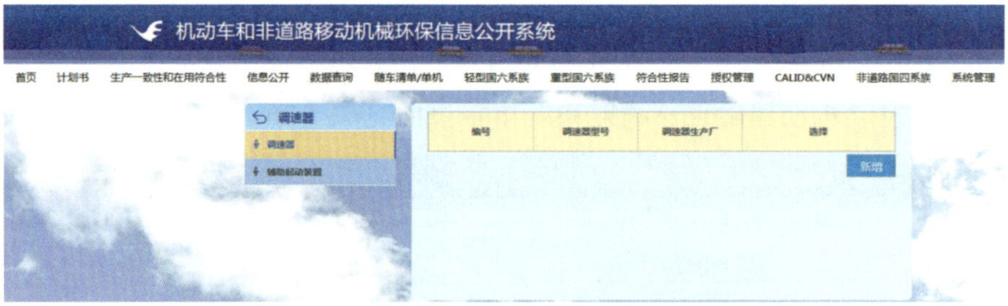

图 3.38 重型柴油车用发动机创建附录→调速器填报页面

点击“冷启动装置”，完成相关内容的填报并点击“保存”。重型柴油车用发动机创建附录→冷启动装置填报页面见图 3.39。

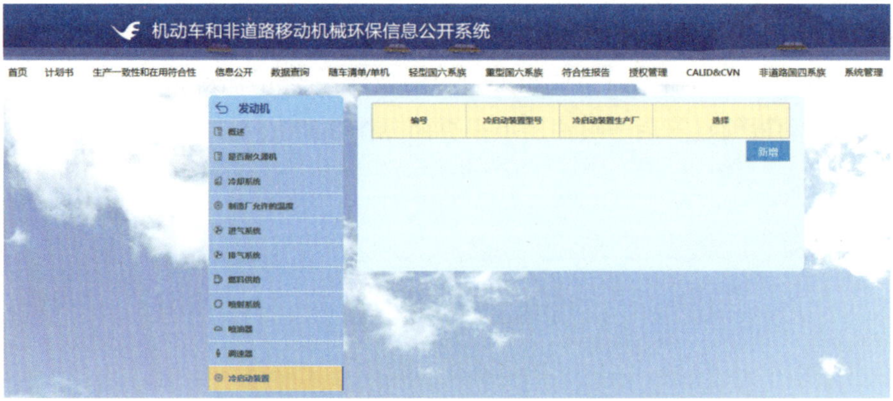

图 3.39 重型柴油车用发动机创建附录→冷启动装置填报页面

点击“EECU”，完成 EECU 相关内容的填报，并点击“保存”。重型柴油车用发动机创建附录→ EECU 填报页面见图 3.40。

图 3.40 重型柴油车用发动机创建附录→ EECU 填报页面

点击“OBD”，上传文件并点击“保存”。重型柴油车用发动机创建附录→ OBD 填报页面见图 3.41。

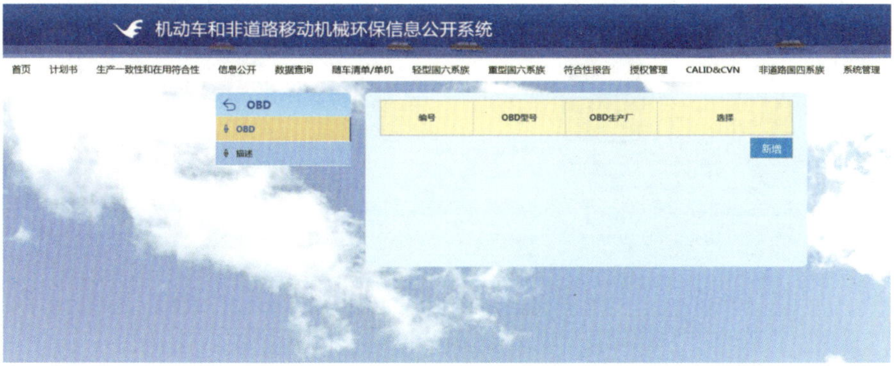

图 3.41 重型柴油车用发动机创建附录→ OBD 填报页面

点击“气门正时”，完成对应内容的填写，并点击“保存”。重型柴油车用发动机创建附录→气门正时填报页面见图 3.42。

图 3.42　重型柴油车用发动机创建附录→气门正时填报页面

点击“EGR”，完成 EGR 相应内容的填报，并点击“保存”。重型柴油车用发动机创建附录→ EGR 填报页面见图 3.43。

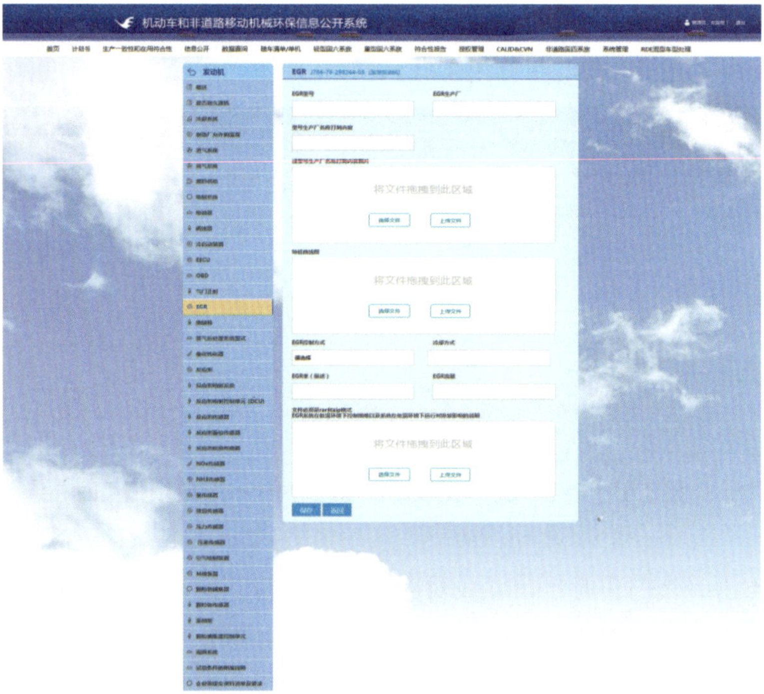

图 3.43　重型柴油车用发动机创建附录→ EGR 填报页面

点击“曲轴箱”，完成曲轴箱相应内容的填报，并点击“保存”。重型柴油车用发动机创建附录→曲轴箱填报页面见图 3.44。

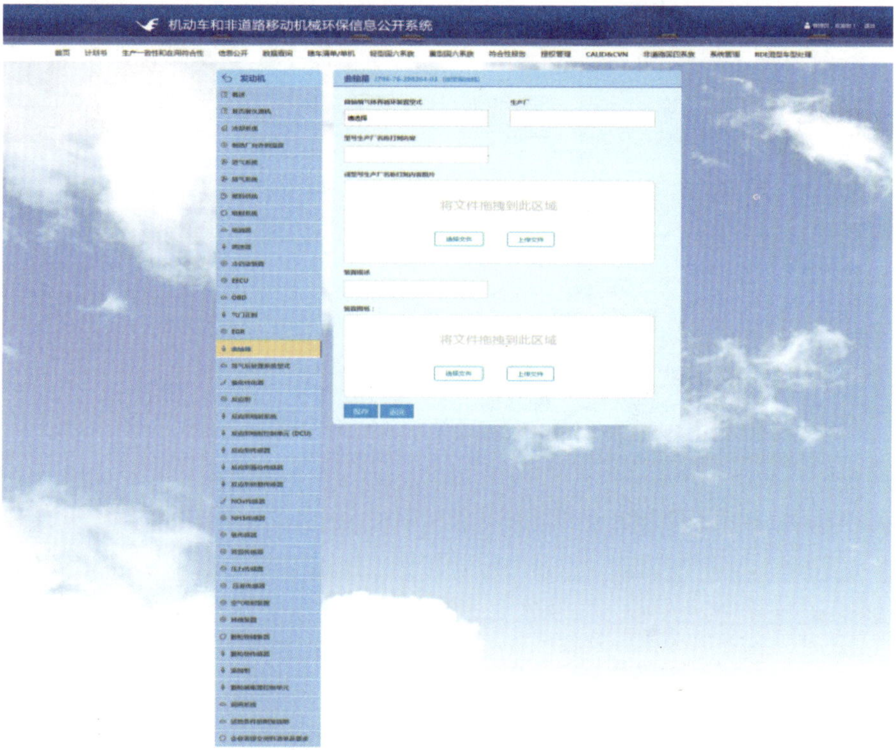

图 3.44　重型柴油车用发动机创建附录→曲轴箱填报页面

点击“排气后处理系统型式”，完成排气后处理系统型式相应内容的填报，并点击“保存”。重型柴油车用发动机创建附录→排气后处理系统型式填报页面见图 3.45。

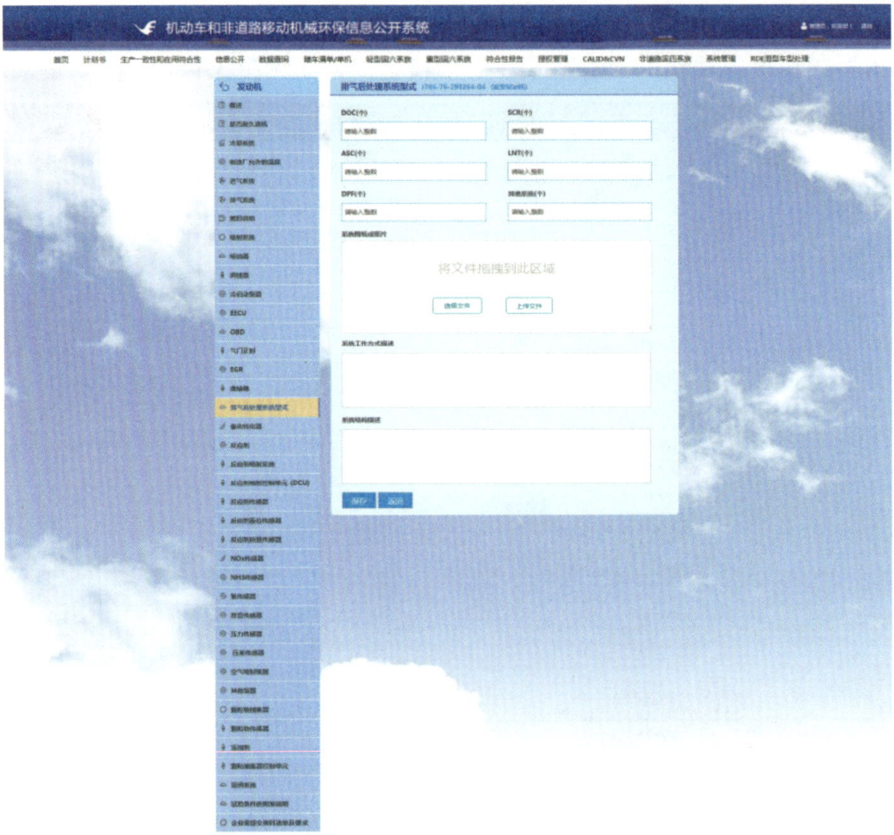

图 3.45　重型柴油车用发动机创建附录→排气后处理系统型式填报页面

点击“催化转化器”，完成催化转化器相关内容的填报，并点击“保存”。贵金属相关内容填报在催化转化器填报页面（图 3.46）。

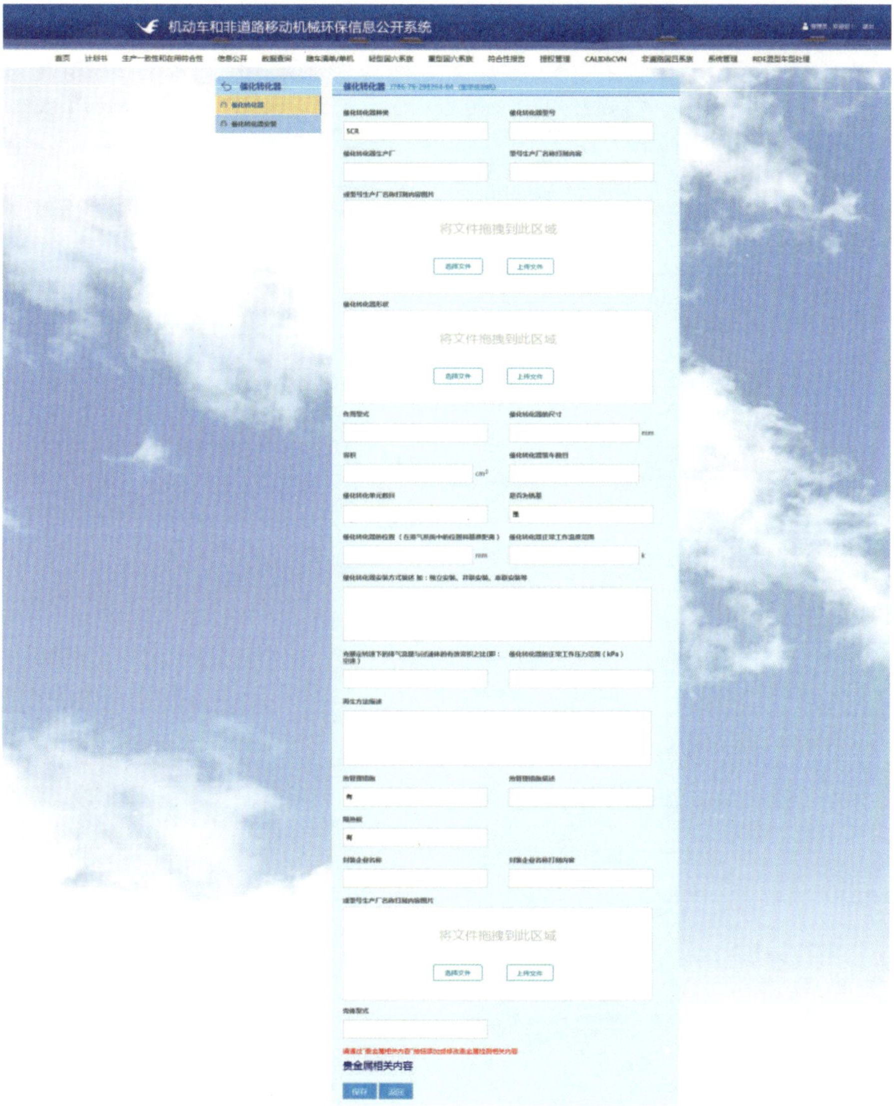
机动车和非道路移动机械环保信息公开系统
首页
计划书
信息公开
数据查询
CALID&CVN
系统管理
催化转化器
SCR
将文件拖拽到此区域
将文件拖拽到此区域
将文件拖拽到此区域
贵金属相关内容

图 3.46　重型柴油车用发动机创建附录→催化转化器和贵金属相关内容填报页面

点击“反应剂”，完成反应剂相关内容的填报，并点击“保存”。重型柴油车用发动机创建附录→反应剂填报页面见图 3.47。

图 3.47　重型柴油车用发动机创建附录→反应剂填报页面

点击“反应剂喷射系统”，完成对反应剂喷射系统和喷射器的填报，并点击“保存”。重型柴油车用发动机创建附录→反应剂喷射系统填报页面见图 3.48。

图 3.48　重型柴油车用发动机创建附录→反应剂喷射系统填报页面

点击“反应剂喷射控制单元（DCU）”，完成对反应剂喷射控制单元（DCU）填报，并点击“保存”。重型柴油车用发动机创建附录→反应剂喷射控制单元（DCU）填报页面见图 3.49。

图 3.49　重型柴油车用发动机创建附录→反应剂喷射控制单元（DCU）填报页面

点击“反应剂传感器”，完成对反应剂传感器的填报，并点击“保存”。重型柴油车用发动机创建附录→反应剂传感器填报页面见图 3.50。

图 3.50　重型柴油车用发动机创建附录→反应剂传感器填报页面

点击“反应剂液位传感器”，完成对反应剂液位传感器的填报，并点击“保存”。重型柴油车用发动机创建附录→反应剂液位传感器填报页面见图 3.51。

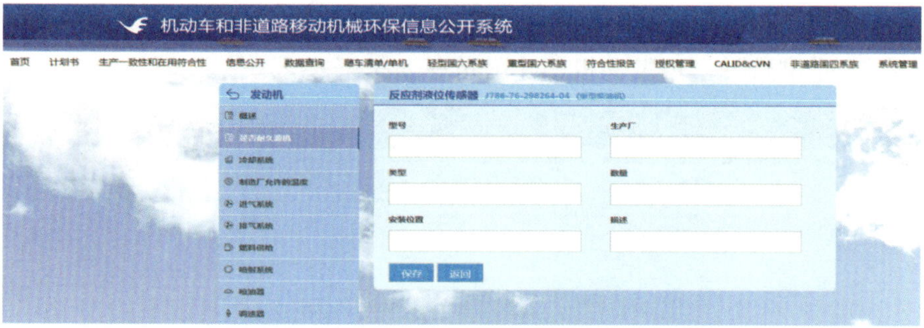

图 3.51 重型柴油车用发动机创建附录→反应剂液位传感器填报页面

点击“反应剂质量传感器”，完成对反应剂质量传感器的填报，并点击“保存”。重型柴油车用发动机创建附录→反应剂质量传感器填报页面见图 3.52。

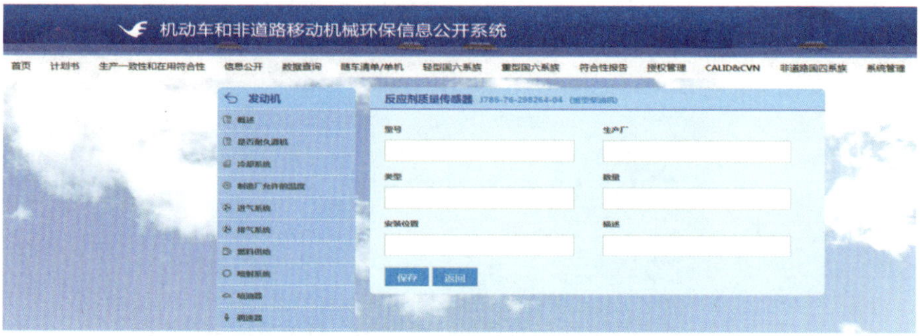

图 3.52 重型柴油车用发动机创建附录→反应剂质量传感器填报页面

点击“NO_x 传感器”，完成 NO_x 传感器相关内容的填报，并点击“保存”。重型柴油车用发动机创建附录→ NO_x 传感器填报页面见图 3.53。

图 3.53 重型柴油车用发动机创建附录→ NO_x 传感器填报页面

点击“NH_3 传感器”，完成 NH_3 传感器相关内容的填报，并点击“保存”。重型柴油车用发动机创建附录→ NH_3 传感器填报页面见图 3.54。

图 3.54 重型柴油车用发动机创建附录→ NH_3 传感器填报页面

点击“氧传感器”，完成氧传感器相关内容的填报，并点击“保存”。重型柴油车用发动机创建附录→氧传感器填报页面见图 3.55。

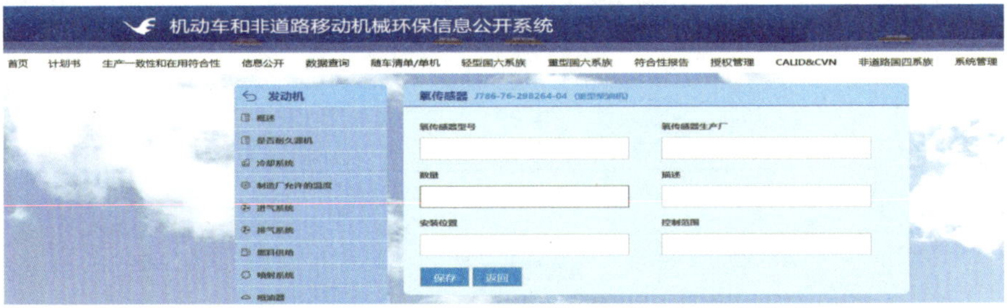

图 3.55 重型柴油车用发动机创建附录→氧传感器填报页面

点击“排温传感器”，完成排温传感器相关内容的填报，并点击“保存”。重型柴油车用发动机创建附录→排温传感器填报页面见图 3.56。

图 3.56 重型柴油车用发动机创建附录→排温传感器填报页面

点击“压力传感器”，完成压力传感器相关内容的填报，并点击“保存”。重型柴油车用发动机创建附录→压力传感器填报页面见图 3.57。

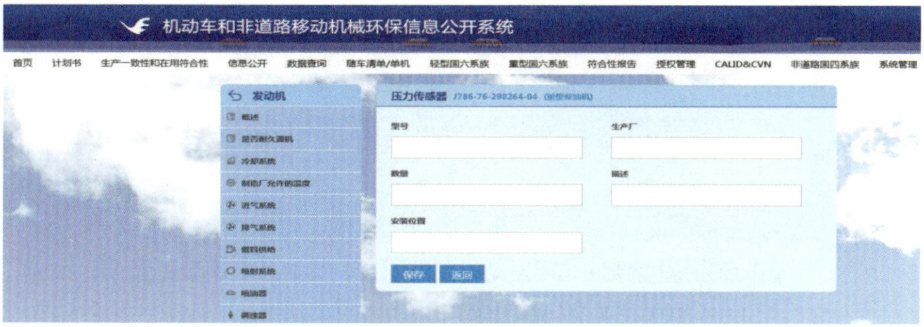

图 3.57　重型柴油车用发动机创建附录→压力传感器填报页面

点击“压差传感器”，完成压差传感器相关内容的填报，并点击“保存”。重型柴油车用发动机创建附录→压差传感器填报页面见图 3.58。

图 3.58　重型柴油车用发动机创建附录→压差传感器填报页面

点击“空气喷射装置”，完成相应内容的填报，并点击“保存”。重型柴油车用发动机创建附录→空气喷射装置填报页面见图 3.59。

图 3.59　重型柴油车用发动机创建附录→空气喷射装置填报页面

点击“其他装置”，完成相应内容的填报，并点击“保存”。重型柴油车用发动机创建附录→其他装置填报页面见图 3.60。

图 3.60　重型柴油车用发动机创建附录→其他装置填报页面

点击“颗粒物捕集器”，完成颗粒物捕集器相关内容的填报，并点击“保存”。贵金属相关内容填报在颗粒物捕集器填报页面。重型柴油车用发动机创建附录→颗粒物捕集器和贵金属相关内容填报页面见图3.61。

将文件拖拽到此区域
K
kPa
(g/L)
将文件拖拽到此区域
贵金属相关内容

图 3.61　重型柴油车用发动机创建附录→颗粒物捕集器和贵金属相关内容填报页面

点击“颗粒物传感器”，完成颗粒物传感器相关内容的填报，并点击“保存”。重型柴油车用发动机创建附录→颗粒物传感器填报页面见图 3.62。

图 3.62　重型柴油车用发动机创建附录→颗粒物传感器填报页面

点击“添加剂”，完成添加剂相应内容的填报，并点击“保存”。重型柴油车用发动机创建附录→添加剂填报页面见图 3.63。

图 3.63　重型柴油车用发动机创建附录→添加剂填报页面

点击“颗粒物捕集器控制单元”，完成颗粒捕集器控制单元相关内容的填报，并点击“保存”。重型柴油车用发动机创建附录→颗粒捕集器控制单元填报页面见图 3.64。

图 3.64　重型柴油车用发动机创建附录→颗粒捕集器控制单元填报页面

点击“润滑系统”，完成润滑剂、润滑油泵、机油冷却器等相关内容的填报，并点击“保存”。重型柴油车用发动机创建附录→润滑系统填报页面见图 3.65。

图 3.65　重型柴油车用发动机创建附录→润滑系统填报页面

点击“试验条件的附加说明”，完成排放试验的发动机转速、特定转速下的吸收功率（Pa）、特定转速下的吸收功率（Pb）、合计等相应内容的填报，并点击“保存”。 重型柴油车用发动机创建附录→试验条件的附加说明填报页面见图 3.66。

图 3.66　重型柴油车用发动机创建附录→试验条件的附加说明填报页面

点击“企业需提交资料清单及要求”，完成相关内容的填报，并点击“保存”。重型柴油车用发动机创建附录→企业需提交资料清单及要求填报页面见图 3.67。

图 3.67　重型柴油车用发动机创建附录→企业需提交资料清单及要求填报页面

（二）查看与修改

完成附录创建后，在该计划书的附录列表会生成一条附录，点击操作栏查看按钮“”可以查看填报的附录。如该附录状态为“未备案”或“被打回”，则可对附录内容进行修改。重型柴油车用发动机附录查看与修改操作页面见图 3.68。

图 3.68 重型柴油车用发动机附录查看与修改操作页面

（三）附录备案

填报账户在附录列表中点击提交按钮“”，该附录将提交审核账户，该条附录状态显示为“申请中”。重型柴油车用发动机附录提交操作页面见图 3.69。

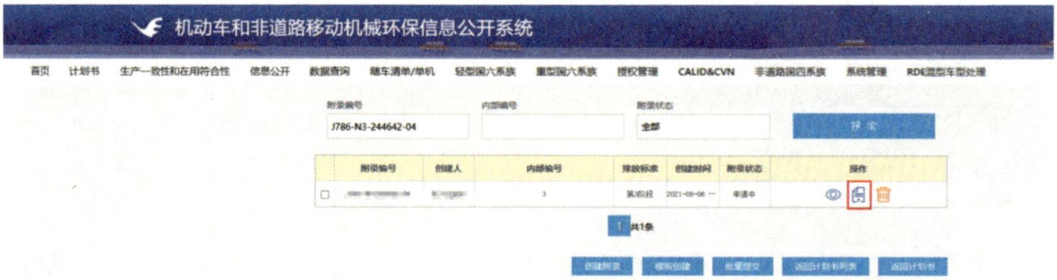

图 3.69 重型柴油车用发动机附录提交操作页面

此时审核人员登录审核账户，点击对应计划书的附录按钮“”，进入该计划书附录列表。附录审核账户操作页面见图 3.70。

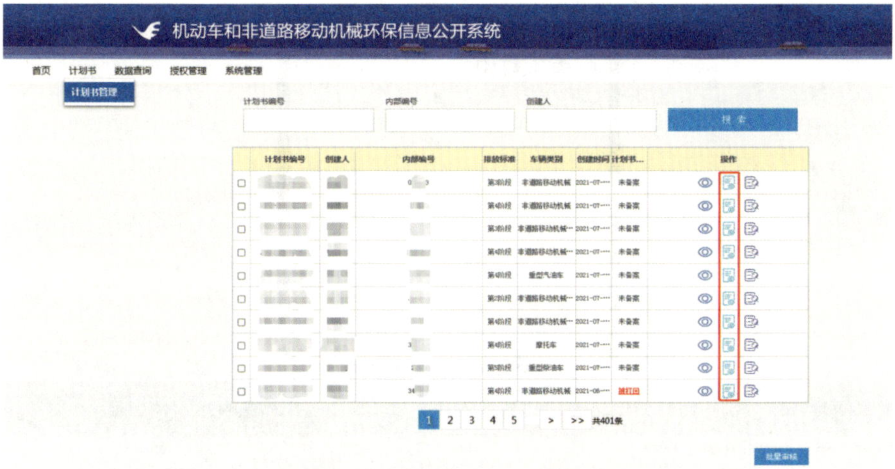

图 3.70　附录审核账户操作页面

审核人员点击审核按钮“”可对附录状态为“申请中”的附录进行审核通过或打回操作。点击“通过”，该条附录状态将变为“已审核待备案”，由备案账户进行备案；填写原因并点击“打回”，该条附录信息状态将变为“被打回”，填报账户可进行信息修改。审核操作页面见图 3.71。

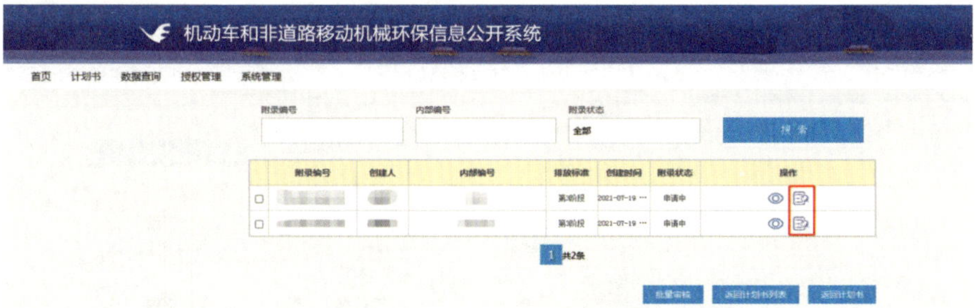

图 3.71　附录审核操作页面

备案人员登录备案账户，点击对应计划书的附录按钮“”，进入该计划书附录列表。附录备案账户操作页面见图 3.72。

图 3.72　附录备案账户操作页面

备案人员点击备案按钮“ ”可对附录状态为“已审核待备案”的附录进行备案通过或打回操作。点击“通过”，该条附录状态将变为“已备案”；填写打回原因并点击“打回”，则该条附录信息状态将变为“被打回”，填报账户可进行信息修改。附录备案操作页面见图 3.73。

图 3.73　附录备案操作页面

（四）删除附录

如附录状态为未备案或被打回时，操作列中点击“ ”将删除该条附录。重型柴油车用发动机删除附录操作页面见图 3.74。

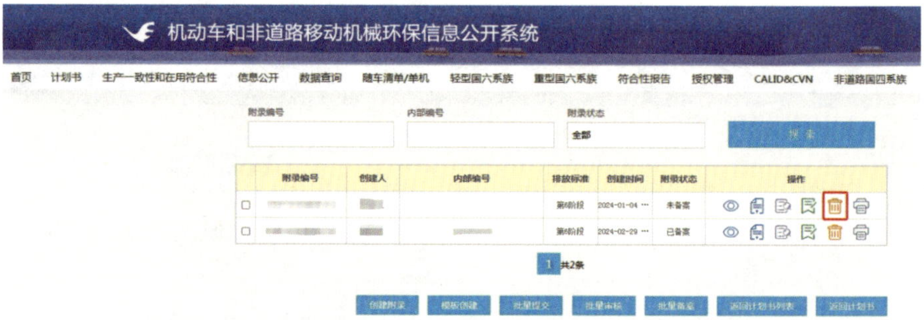

图 3.74　重型柴油车用发动机删除附录操作页面

三、开展型式检验

完成重型柴油车用发动机附录备案后，由授权的检验机构下载已备案附录，按相关标准要求开展型式检验。

四、信息公开或入库

检验机构完成发动机型式试验，上传检验报告后，企业可以在“数据查询”模块下的检验报告页面，通过检验报告编号等信息进行查询。若发动机已上传完整的检验报告，即可进行信息公开或入库。信息公开表的创建（发送）、审核和公开需要不同权限账户进行操作。检验报告查询页面见图 3.75。

图 3.75　检验报告查询页面

（一）创建信息公开表

在“信息公开”模块下通过系族名称等信息进行搜索。在搜索出的列表中选中选项，点击“创建信息公开表”。信息公开表创建页面见图 3.76。

图 3.76　信息公开表创建页面

选择“是否进口”，是否是“耐久标准推荐劣化系数”等选项，并点击“下一步”。开始创建信息公开表操作页面见图 3.77。

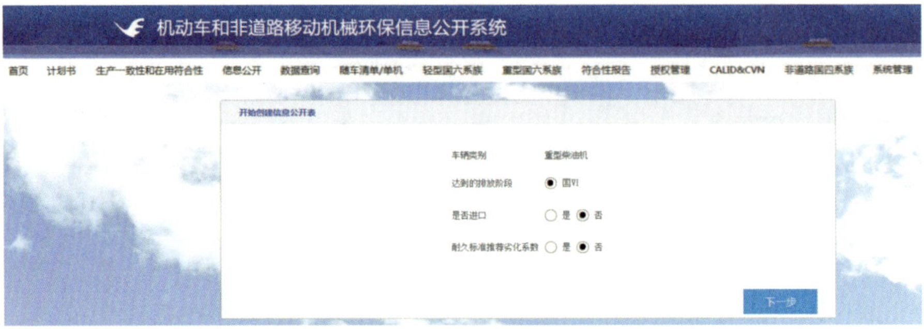

图 3.77　开始创建信息公开表操作页面

选择需要公开的相关配置，并点击“下一步”。信息公开表信息选择页面见图 3.78。

图 3.78　信息公开表信息选择页面

选择企业信息公开网址，并点击“下一步”。企业信息公开网址选择页面见图 3.79。

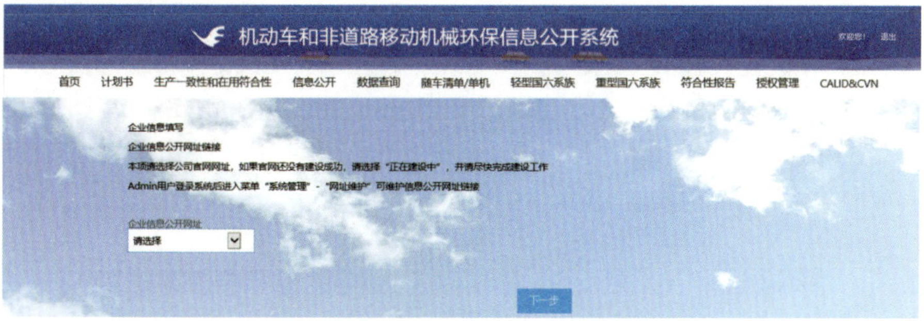

图 3.79　企业信息公开网址选择页面

系统将提示成功创建信息公开表，见图 3.80。

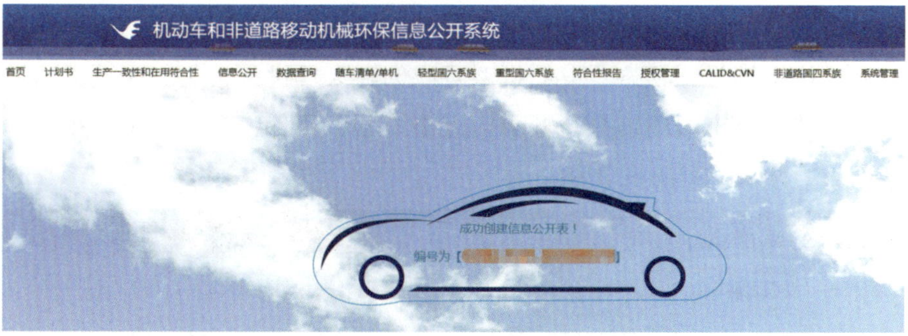

图 3.80　成功创建信息公开表页面

（二）提交信息公开表

已创建的信息公开表可以点击“数据查询”模块下的“信息公开表”，通过申报编号、状态、发动机型号或创建人等进行搜索。在搜索结果列表中选中待提交的信息公开表，点击“提交信息公开表”。

若提交的信息公开表通过系统校验，则该信息公开表将自动生成信息公开编号，状态由“未发送”变为“待审核”，由审核账户进行审核。若提交的信息公开表未通过系统校验，则不会生成信息公开编号，该条信息公开表状态将变为“被打回”。一经打回，该信息公开表将无法再次提交。信息公开表提交页面见图 3.81。

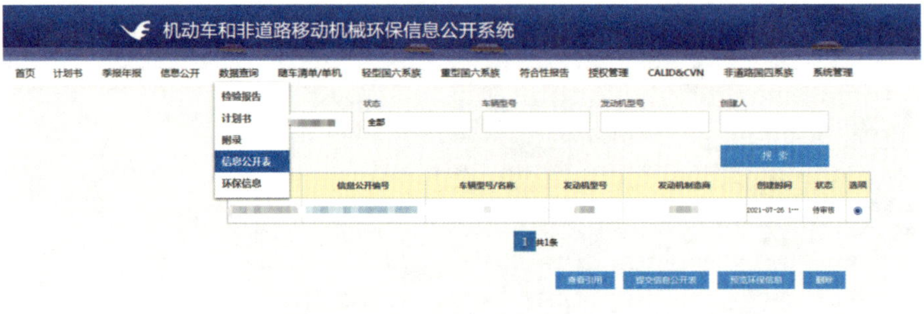

图 3.81　信息公开表提交页面

（三）审核信息公开表

审核账户人员登录系统后，点击“数据查询”模块下的信息公开表，可通过申报编号、状态、发动机型号或创建人等进行搜索。在搜索结果列表中选中待审核的信息公开表，点击“预览环保信息”。审核账户审核信息公开表入口见图 3.82。

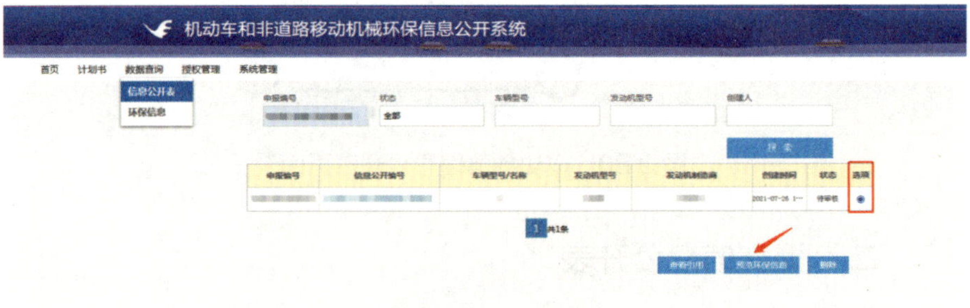

图 3.82　审核账户审核信息公开表入口

在预览环保信息页面，完成所有信息的核对后，在页面底部可以选择审核通过或退回申请。点击“审核通过”，填写原因并提交后，该信息公开表将提交至备案账户进行公开或入库，状态变为“已审核待公开”；

若点击“退回申请”，填写原因并提交后，该条信息公开表状态将变为“被打回”。一经打回，该条信息公开表将无法再次提交。审核账户审核信息公开表操作页面见图 3.83。

重型柴油机环保信息

信息公开编号

机动车排污监控中心声明：本企业依据《中华人民共和国大气污染防治法》和生态环境部相关规定公开机动车环保信息，本企业对公开的所有内容的真实性、准确性、及时性和完整性负责。本企业承诺：我企业型号为发动机型号ZCJ6的重型柴油机符合《重型柴油车污染物排放限值及测量方法（中国第六阶段）》（GB 17691-2018）a阶段的要求，并能够符合标准规定的环境保护耐久性要求。

第一部分 发动机基本信息

1、发动机型号:	
2、系统名称:	
3、厂牌:	
4、排放阶段:	
5、制造商名称:	
6、生产厂地址:	
7、装配的车辆类型范围:	

第二部分 检验信息

8、型式检验信息:

依据的标准	检测机构	检测结论

第三部分 污染控制技术信息

> > > >

9、最大净功率/转速（kW/r/min）：	
10、最大净扭矩/转速（Nm/r/min）：	
11、燃料供给系统型式:	

ECU	
催化转化器（DOC）	
催化转化器（SCR）	
催化转化器（ASC）	
催化转化器（LNT）	
催化转化器（其他）	
颗粒捕集器（DPF）	
颗粒物控制装置（其他）	

注：排气后处理系统标识应标明排气后处理系统型号及其生产企业、封装生产企业、载体生产企业和涂层生产企业。

企业名称:

信息公开时间:

审核通过　退回申请　打印本页　关闭

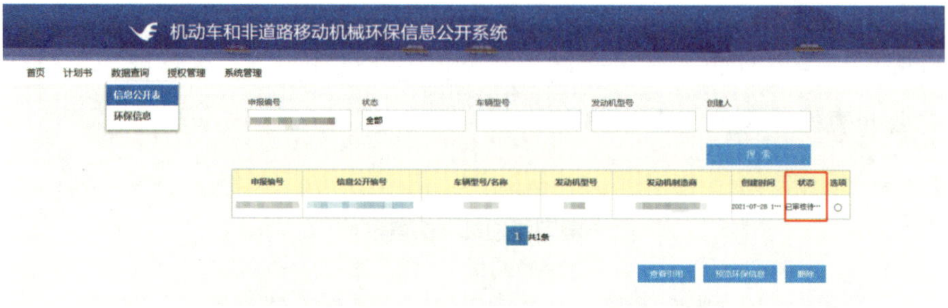

图 3.83 审核账户审核信息公开表操作页面

（四）公开信息公开表

备案账户人员登录系统后，点击“数据查询”模块下的“信息公开表”，可通过申报编号、状态、发动机型号或创建人等进行搜索。在搜索结果列表中选中“已审核待公开”的信息公开表，点击“预览环保信息”。备案账户操作页面见图 3.84。

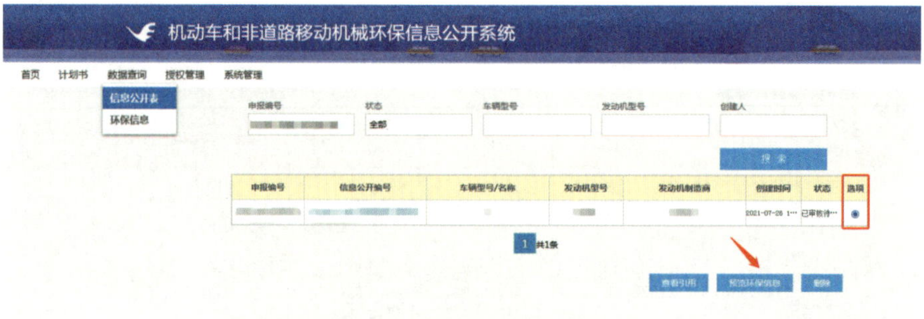

图 3.84 备案账户操作页面

在“预览环保信息”页面，完成所有信息的核对后，在页面底部可以选择“确认公开”“确认入库”或“退回申请”。备案账户人员确认信息公开操作页面见图 3.85。

图 3.85　备案账户人员确认信息公开操作页面

点击“确认公开”，在弹出框中点击“确定”，则完成该重型柴油车发动机的信息公开；点击“确认入库”，在弹出框中点击“确定”，则完成该重型柴油车发动机的入库；点击“退回申请”，填写原因并提交后，该条信息公开表状态将变为“被打回”。一经打回，该条信息公开表将无法再次提交。备案账户确认意见操作页面见图 3.86。

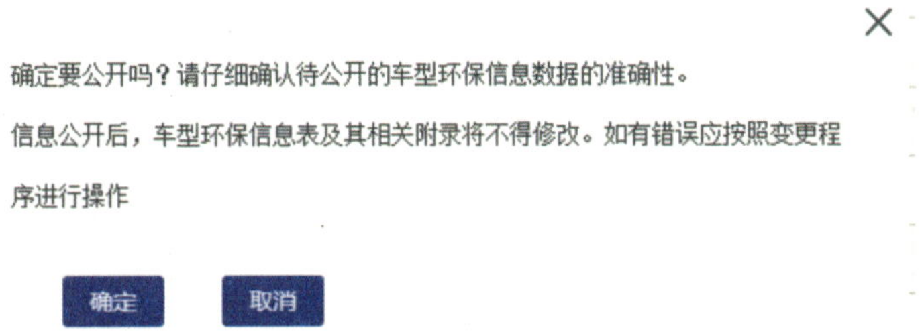

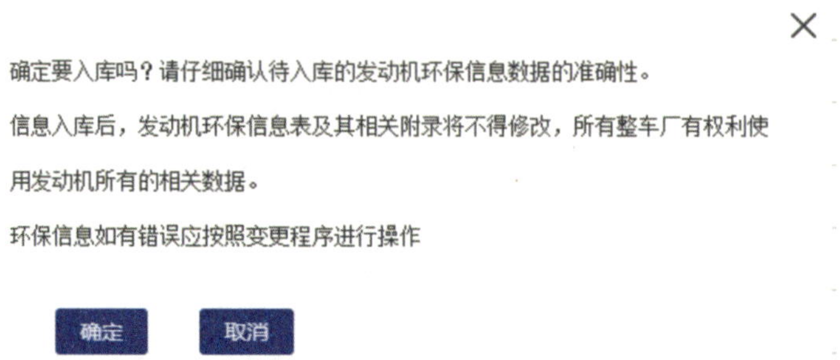
确定要入库吗？请仔细确认待入库的发动机环保信息数据的准确性。
信息入库后，发动机环保信息表及其相关附录将不得修改，所有整车厂有权利使用发动机所有的相关数据。
环保信息如有错误应按照变更程序进行操作
确定
取消

图 3.86　备案账户确认意见操作页面

第四章

重型柴油车用发动机企业授权

赵鑫 季欧

重型柴油车用发动机企业完成发动机公开或入库后需对搭载发动机的机械企业进行授权。

一、企业授权

点击首页“授权管理”→“授权管理”，进入授权管理主页面，见图 4.1。

图 4.1　授权管理主页面

授权管理页面可通过搜索相关企业名称，查找企业并进行企业的整体授权、附录授权、PEMS 授权和 OBD 授权。其中，整体授权是将本企业所有附录信息进行授权；附录授权可选择对应附录进行授权；PEMS 授权和 OBD 授权可选择对应系族进行授权。授权管理页面见图 4.2。

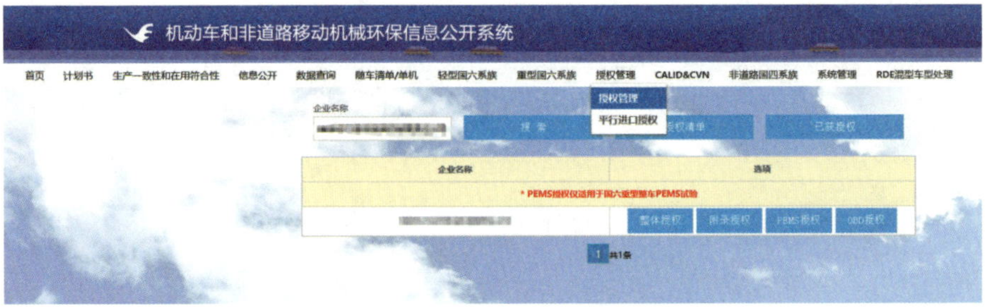

图 4.2　授权管理页面

在搜索列表中点击“整体授权”，上传文件并点击“提交”，完成整体授权。整体授权页面见图 4.3。

图 4.3　整体授权页面

在搜索列表中点击“附录授权”，根据附录编号选择相应附录，并点击授权按钮“”，完成附录授权。附录授权页面见图 4.4。

图 4.4　附录授权页面

在搜索列表中点击“PEMS 授权”，根据名称选择相应 PEMS 系族，并点击授权按钮“”，完成 PEMS 授权。PEMS 授权页面见图 4.5。

图 4.5　PEMS 授权页面

在搜索列表中点击“OBD 授权”，根据名称选择相应 OBD 系族，并点击授权按钮“◎”，完成 OBD 授权。OBD 授权页面见图 4.6。

图 4.6　OBD 授权页面

二、授权查询

点击首页“授权管理”→“授权管理”，页面中“授权清单”和“已获授权”按钮分别可查询本企业授予其他企业权限明细和其他企业授予本企业权限明细。授权查询页面见图 4.7。

图 4.7　授权查询页面

第五章

重型柴油车环保信息公开

王宏丽　张海燕

重型柴油车企业完成注册和企业管理后，可以进行信息公开相关操作，包括商标、生产一致性保证计划书的填报、系族管理、附录填报、信息公开、随车清单上传和 CAL ID&CVN 填报，并根据情况填写生产一致性和在用符合性相关情况。重型柴油车企业环保信息公开操作流程见图 1.2。

一、前期准备工作

在开展重型柴油车环保信息公开前，需要先完成商标维护和生产一致性保证计划书的填报。

（一）商标

“商标”模块位于首页“计划书”目录下，用于维护本企业所属重型柴油车商标，可以进行商标的新增、编辑和删除操作。商标管理页面见图 5.1。

图 5.1　商标管理页面

1. 新增商标

点击商标页面的“新增”，在页面完成商标的英文名、中文名的填写以及是否进口品牌的选择，点击“提交”即可在列表中添加一条新商标信息。新增商标页面见图 5.2。

图 5.2　新增商标页面

2. 编辑商标

点击商标页面的编辑按钮“✎”，可对列表中的商标信息进行编辑修改，修改后点击“提交”即可保存修改。编辑商标页面见图 5.3。

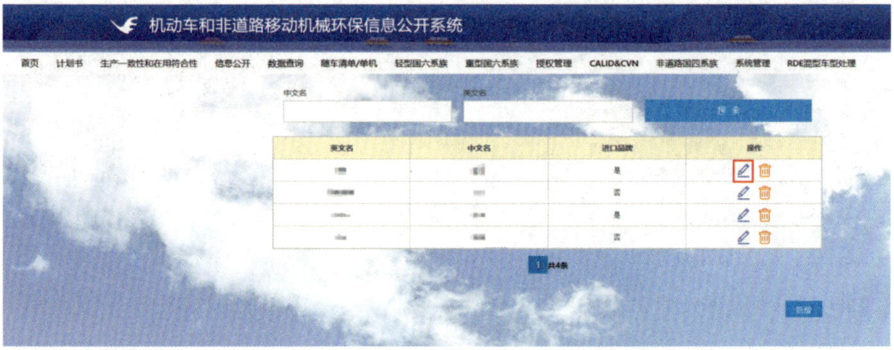

图 5.3　编辑商标页面

3. 删除商标

点击商标页面的删除按钮“”，并在弹出的提示框中选择“确定”，即可删除列表中的商标信息。删除商标页面见图 5.4。

图 5.4　删除商标页面

（二）系族管理

系族管理对应首页“重型国六系族”模块。可以填报排放系族、OBD 系族以及耐久系族。

1. 排放系族

在排放系族页面点击“新增”，完成对应内容的填报及文件上传后点击“提交”，即可在列表中新增一条信息。操作列可进行信息的编辑和删除操作。排放系族新增操作页面见图 5.5。

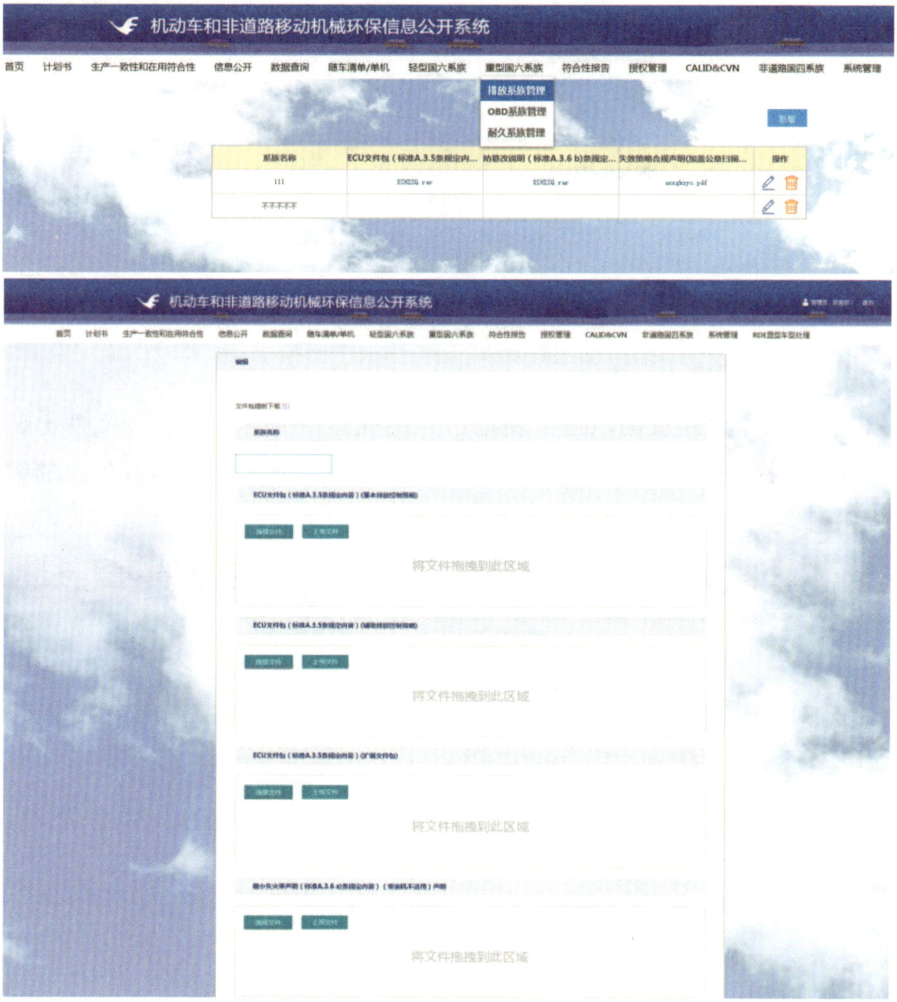

图 5.5　排放系族新增操作页面

2.OBD 系族

在 OBD 系族页面点击“新增”，完成对应内容的填报及文件上传后点击“提交”，即可在列表中新增一条信息。操作列可进行信息的编辑和删除操作。OBD 系族新增操作页面见图 5.6。

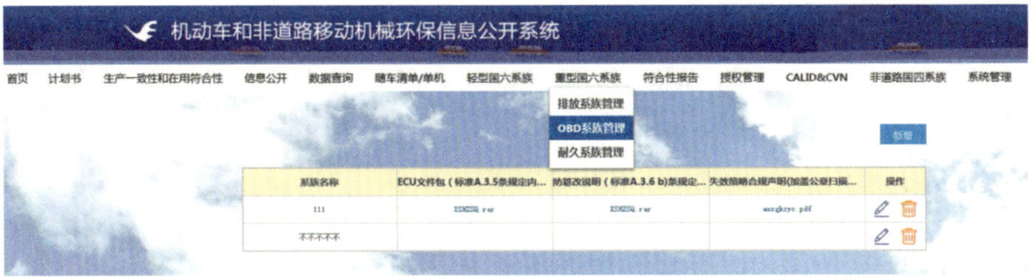

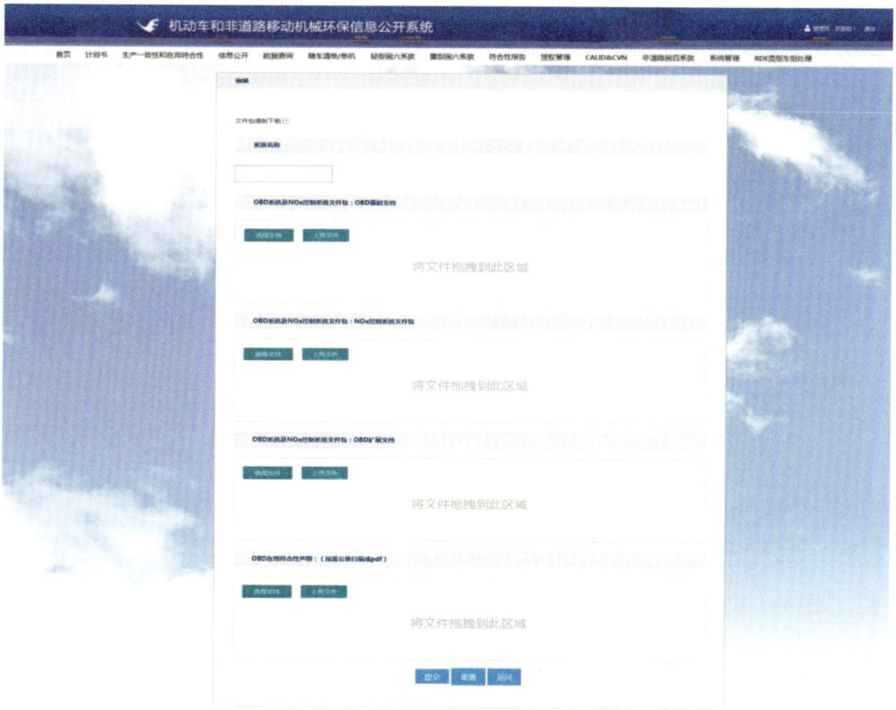

图 5.6　OBD 系族新增操作页面

3. 耐久系族

在耐久系族页面点击“新增”，完成对应内容的填报及文件上传后点击“提交”，即可在列表中新增一条信息。操作列可进行信息的编辑和删除操作。耐久系族新增操作页面见图 5.7。

图 5.7　耐久系族新增操作页面

（三）生产一致性保证计划书

生产一致性保证计划书模块位于首页“计划书”目录下，可以进行计划书的新增、编辑、提交和删除，并可创建对应附录。生产一致性保证计划书页面见图 5.8。

图 5.8　生产一致性保证计划页面

1. 新建计划书

点击“创建计划书”，填写内部编号，选择对应的排放阶段和车辆类别，点击“下一步”系统跳转至“执行标准”页面。创建计划书操作页面见图 5.9。

图 5.9　创建计划书操作页面

进入“执行标准”页面，勾选执行的国家标准，填写系族名称和企业标准，点击“保存”后跳转至“车辆控制”页面。执行标准填报页面见图 5.10。

图 5.10　执行标准填报页面

进入“车辆控制”页面，填写车辆质量控制相关文件，点击“保存”后跳转至“检测设备”页面。车辆控制填报页面见图 5.11。

图 5.11 车辆控制填报页面

进入“检测设备”页面，填写检测设备管理相关内容，点击“保存”后系统跳转至“整车排放”页面。检测设备填报页面见图 5.12。

图 5.12　检测设备填报页面

进入“整车排放”页面，填写整车机排放检测文件管理相关内容，点击“保存”后跳转至“纠正措施”页面。整车排放填报页面见图 5.13。

图 5.13　整车排放填报页面

进入“纠正措施”页面，填写纠正措施相关内容，点击“保存”后跳转至“车型描述”页面。纠正措施填报页面见图 5.14。

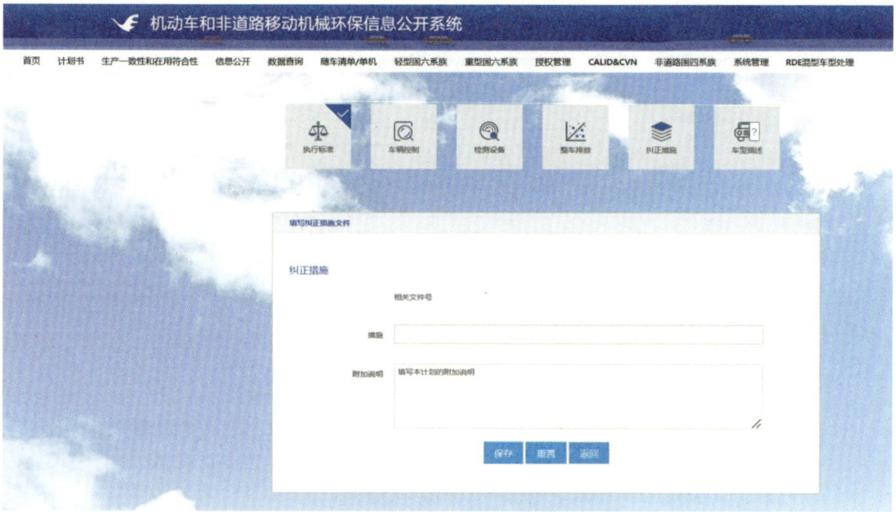

图 5.14　纠正措施填报页面

点击“车型描述”页面将进入计划书的附录列表，附录填报详见本章“二、附录填报”。车型描述页面见图 5.15。

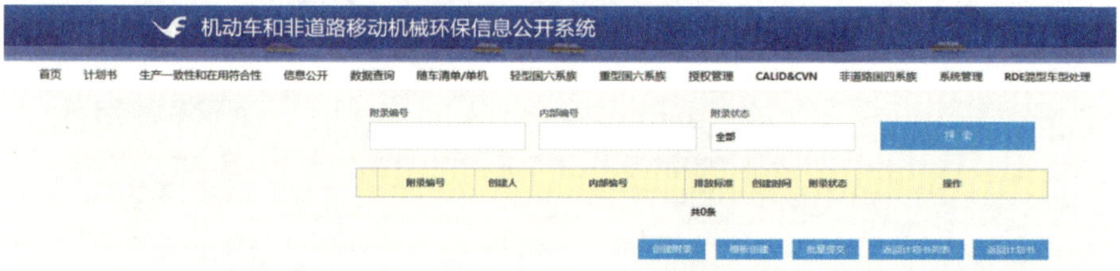

图 5.15　车型描述页面

2. 搜索计划书

计划书管理页面可根据计划书编号、内部编号或创建人搜索已创建的计划书。搜索计划书操作页面见图 5.16。

图 5.16　搜索计划书操作页面

3. 查看与修改

计划书管理页面可以看到已创建的计划书列表。点击操作栏中的查看功能“”可以查看对应计划书内容并进行修改。查看与修改操作页面见图 5.17。

图 5.17　查看与修改操作页面

4. 提交与批量提交

点击计划书操作列中的提交键“”，可将填写完成的工作计划表格提交至本部门审核人员进行审核。如需一次性提交多个工作计划表，可勾选对应信息，并点击右下方的“批量提交”。提交与批量提交操作页面见图 5.18。

图 5.18　提交与批量提交操作页面

5. 审核与备案

填报账户在计划书列表中点击“提交”，该计划书将提交至审核账户，同时，该计划书状态变为“申请中”。此时审核人员登录审核账户，点击对应计划书的审核按钮“”。审核账户操作页面见图 5.19。

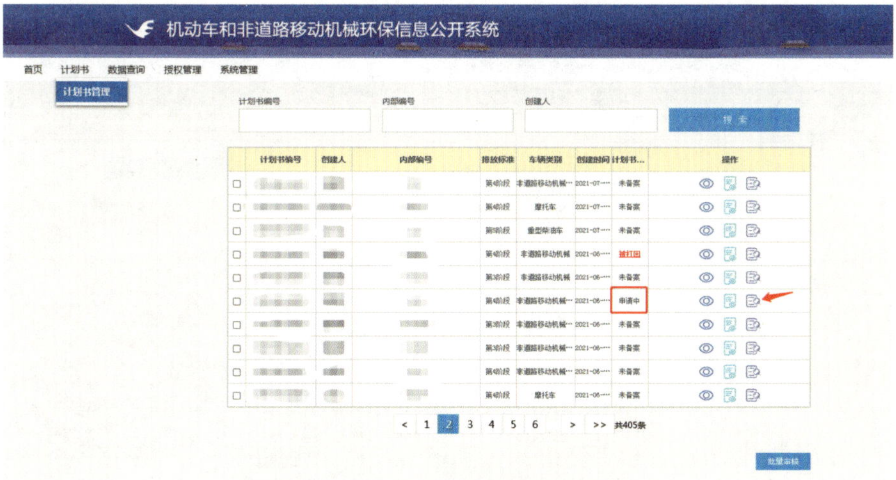

图 5.19　审核账户操作页面

审核人员可进行审核通过或打回操作。点击“通过”，则该计划书状态将变为“已审核待备案”，有待备案账户同意备案；填写原因并点击“打回”，则该计划书状态将变为“被打回”，填报人员可在填报账户中进行信息修改。审核操作页面见图 5.20。

图 5.20　审核操作页面

审核人员通过后，备案人员登录备案账户，点击对应计划书的审核按钮“”。备案账户操作页面见图 5.21。

图 5.21　备案账户操作页面

备案人员可进行通过或打回操作。点击“通过”，该条计划书状态将变为“已备案”；填写原因并点击“打回”，则该计划书状态将变为“被打回”，填报账户可进行信息修改。备案操作页面见图 5.22。

图 5.22　备案操作页面

6. 删除计划书

操作栏中删除功能可以删除已创建的计划书。当计划书内有附录时，无法直接进行删除，需将该计划书下所有附录删除后才可删除计划书。删除计划书操作页面见图 5.23。

图 5.23　删除计划书操作页面

二、附录填报

附录用于填报发动机具体参数。附录的创建、审核和备案需要不同权限账户进行操作。企业可在创建计划书时点击“车型描述”进入附录列表，见图 5.15，或在计划书列表中选择已创建的计划书，点击操作列附录图标“”，即可进入附录列表。附录页面入口见图 5.24。

图 5.24　附录页面入口

（一）创建附录

在已创建好的重型柴油车计划书下，点击“创建附录”，根据需求选择“自产整车”“整车改装或二类底盘改装”“三类改装车”“PEMS 原型车”，即可创建一个新的附录。点击“模板创建”，则可引用同车类同排放阶段已创建的附录，模板创建功能不支持跨车类、跨排放阶段。

根据实际情况填报车辆相关信息，如不适用可不填写。重型柴油车创建附录操作页面见图 5.25。

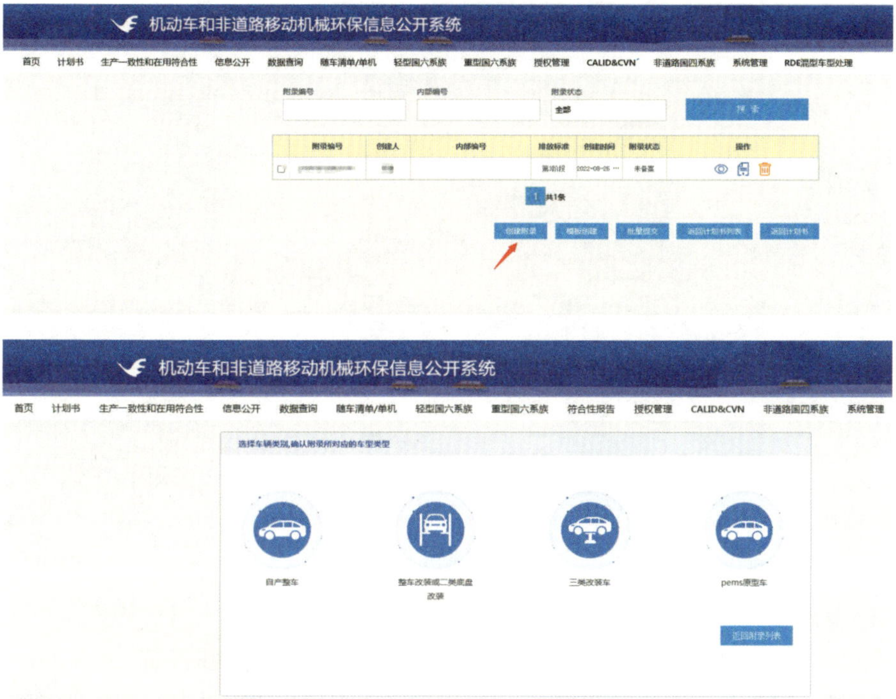

图 5.25　重型柴油车创建附录操作页面

下面将根据不同车型选择，分别介绍“自产整车”“整车改装或二类底盘改装”“三类改装车”“PEMS 原型车”四种附录。

1. 自产整车

点击创建附录→自产整车后，进入车辆信息填报页面，填写“概述”，完成相关信息的上传，并点击“保存”，填报页面见图 5.26。

点击“总体机构特征”，完成对应内容填报，点击“保存”。重型柴油车创建附录→自产整车→总体机构特征填报页面见图 5.27。

图 5.26　重型柴油车创建附录→自产整车→概述填报页面

图 5.27　重型柴油车创建附录→自产整车→总体机构特征填报页面

点击“动力系”，选择“新增”，根据授权给本企业的已公开或入库的发动机型号搜索，选择对应发动机。重型柴油车创建附录→自产整车→动力系搜索页面见图 5.28。

图 5.28　重型柴油车创建附录→自产整车→动力系搜索页面

添加对应发动机后，点击“✎”填写概述、进气系统、排气系统、NO_x 车载零部件以及混合动力→电机等相关信息。重型柴油车创建附录→自产整车→动力系填报页面见图 5.29。

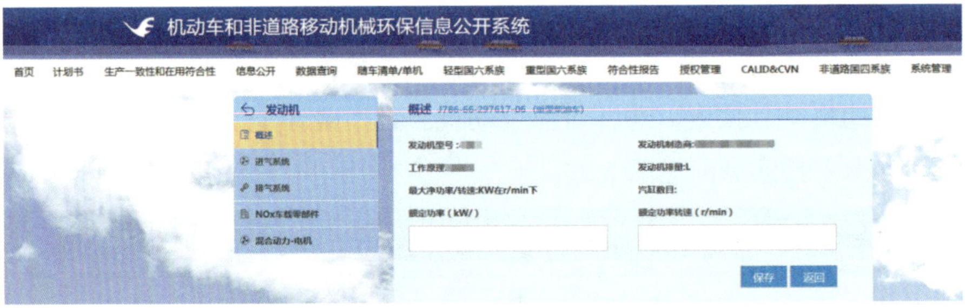

图 5.29　重型柴油车创建附录→自产整车→动力系填报页面

点击“传动系”，完成对应内容的填报，并点击“保存”。重型柴油车创建附录→自产整车→传动系填报页面见图 5.30。

点击“悬挂系”，完成悬挂系型式、悬挂系生产厂等内容的填写，并点击“保存”。重型柴油车创建附录→自产整车→悬挂系填报页面见图 5.31。

点击“降噪措施”，完成降噪材料（发动机舱）的填报，并点击“保存”。重型柴油车创建附录→自产整车→降噪措施填报页面见图 5.32。

点击“轮胎”，完成相关内容的填报并点击“保存”。重型柴油车创建附录→自产整车→轮胎填报页面见图 5.33。

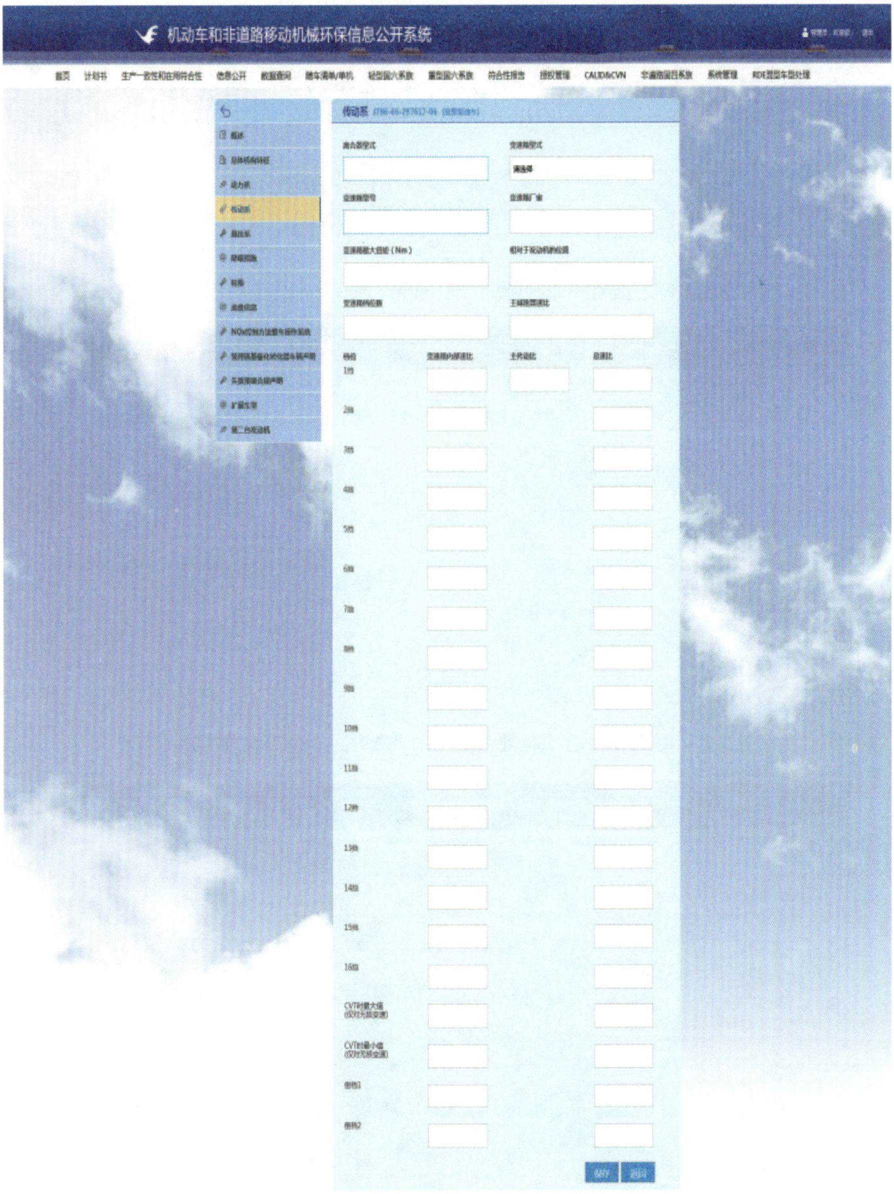

图 5.30　重型柴油车创建附录→自产整车→传动系填报页面

图 5.31　重型柴油车创建附录→自产整车→悬挂系填报页面

图 5.32　重型柴油车创建附录→自产整车→降噪措施填报页面

图 5.33　重型柴油车创建附录→自产整车→轮胎填报页面

点击“底盘信息”，完成相关内容的填报并点击“保存”。重型柴油车创建附录→自产整车→底盘信息填报页面见图 5.34。

图 5.34　重型柴油车创建附录→自产整车→底盘信息填报页面

点击“NO_x控制方法整车操作系统”，完成相关内容的填报并点击“保存”。重型柴油车创建附录→自产整车→ NO_x 控制方法整车操作系统填报页面见图 5.35。

图 5.35　重型柴油车创建附录→自产整车→ NO_x 控制方法整车操作系统填报页面

点击“装用钒基催化转化器车辆声明”，完成相关内容的填报并点击“保存”。重型柴油车创建附录→自产整车→装用钒基催化转化器车辆声明填报页面见图 5.36。

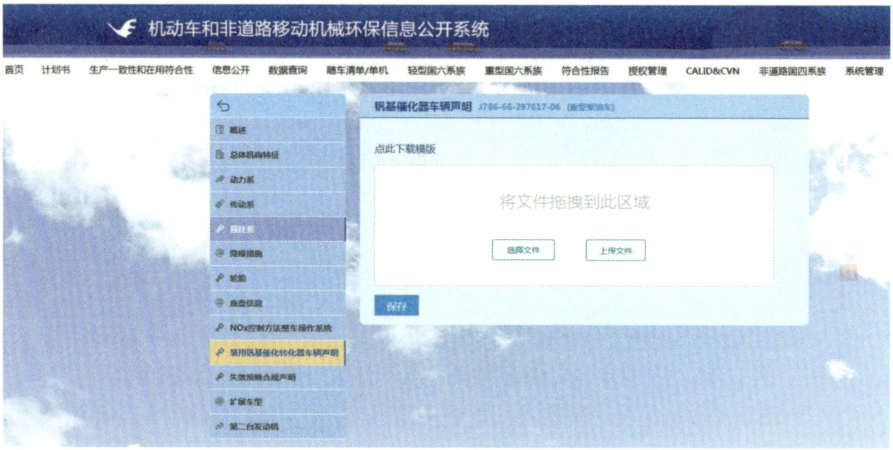

图 5.36　重型柴油车创建附录→自产整车→装用钒基催化转化器车辆声明填报页面

点击“失效策略合规声明”，完成相关内容的填报并点击“保存”。重型柴油车创建附录→自产整车→失效策略合规声明填报页面见图 5.37。

图 5.37　重型柴油车创建附录→自产整车→失效策略合规声明填报页面

点击“扩展车型”，完成相关内容的填报，并点击“保存”。重型柴油车创建附录→自产整车→扩展车型填报页面见图 5.38。

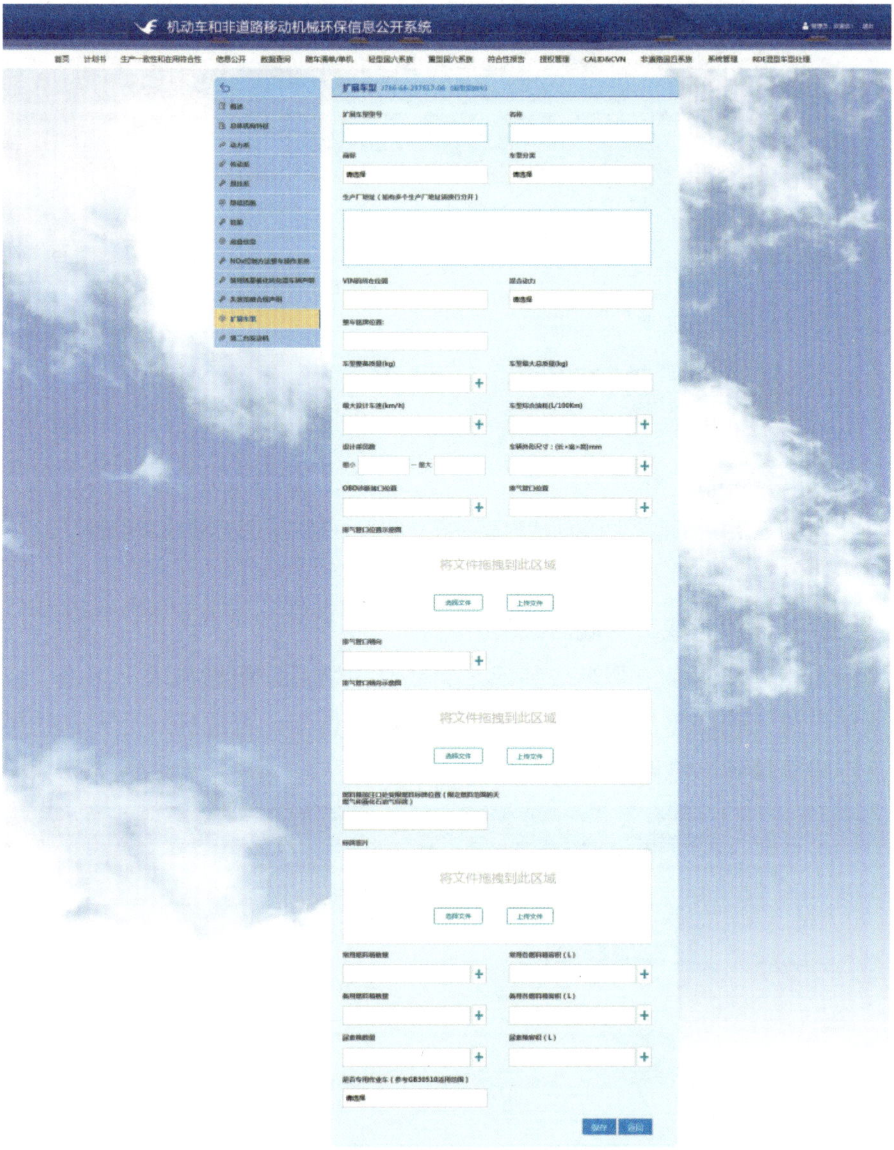

图 5.38　重型柴油车创建附录→自产整车→扩展车型填报页面

如有第二台发动机，点击“第二台发动机”，完成相关内容的填报，并点击“保存”，填报方式同“动力系”。重型柴油车创建附录→自产整车→第二台发动机填报页面见图 5.39。

图 5.39　重型柴油车创建附录→自产整车→第二台发动机填报页面

2. 整车改装或二类底盘改装

点击创建附录→整车改装或二类底盘改装后，根据需求，点击“查原车”或“查底盘”，并填写相关信息进行搜索，再选择对应搜索结果进行附录填报，见图 5.40、图 5.41。

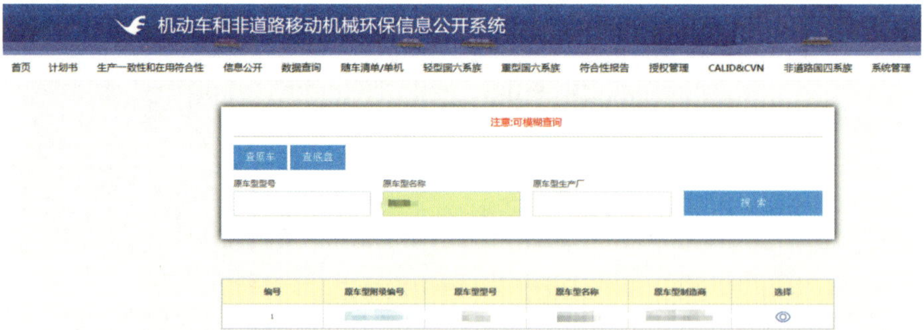

图 5.40　重型柴油车创建附录→整车改装或二类底盘改装→整车改装搜索页面

图 5.41　重型柴油车创建附录→整车改装或二类底盘改装→二类底盘改装搜索页面

进入车辆信息填报页面，填写“概述”，完成相关信息的上传，并点击“保存”，重型柴油车创建附录→整车改装或二类底盘改装→概述页面见图 5.42。

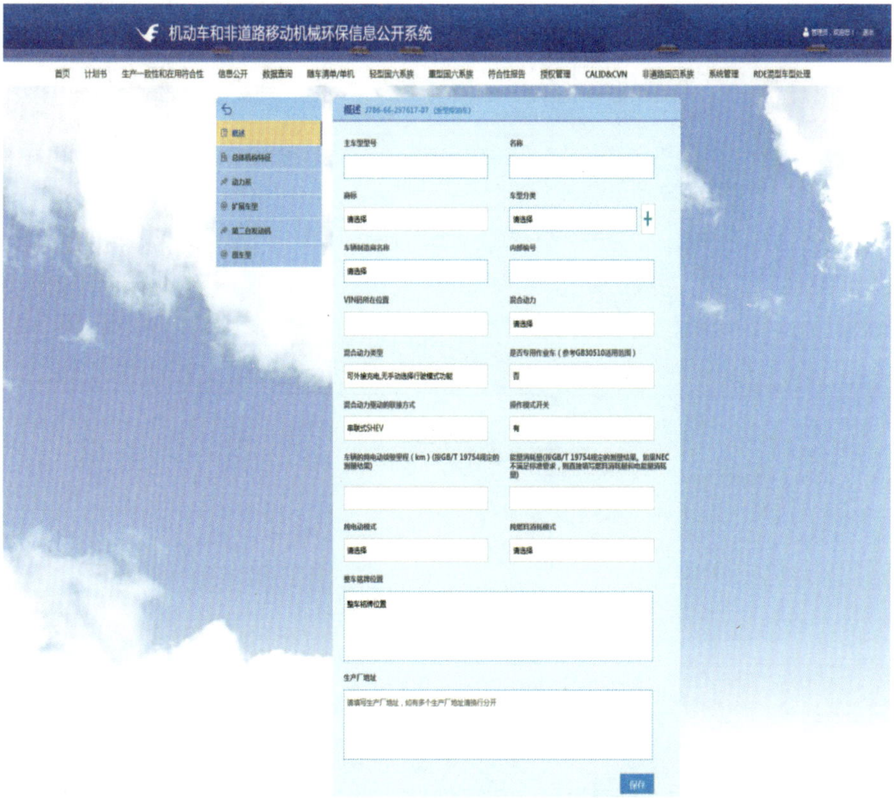

图 5.42　重型柴油车创建附录→整车改装或二类底盘改装→概述页面

点击“总体机构特征”，完成对应内容填报，点击“保存”。重型柴油车创建附录→整车改装或二类底盘改装→总体机构特征选择页面见图 5.43。

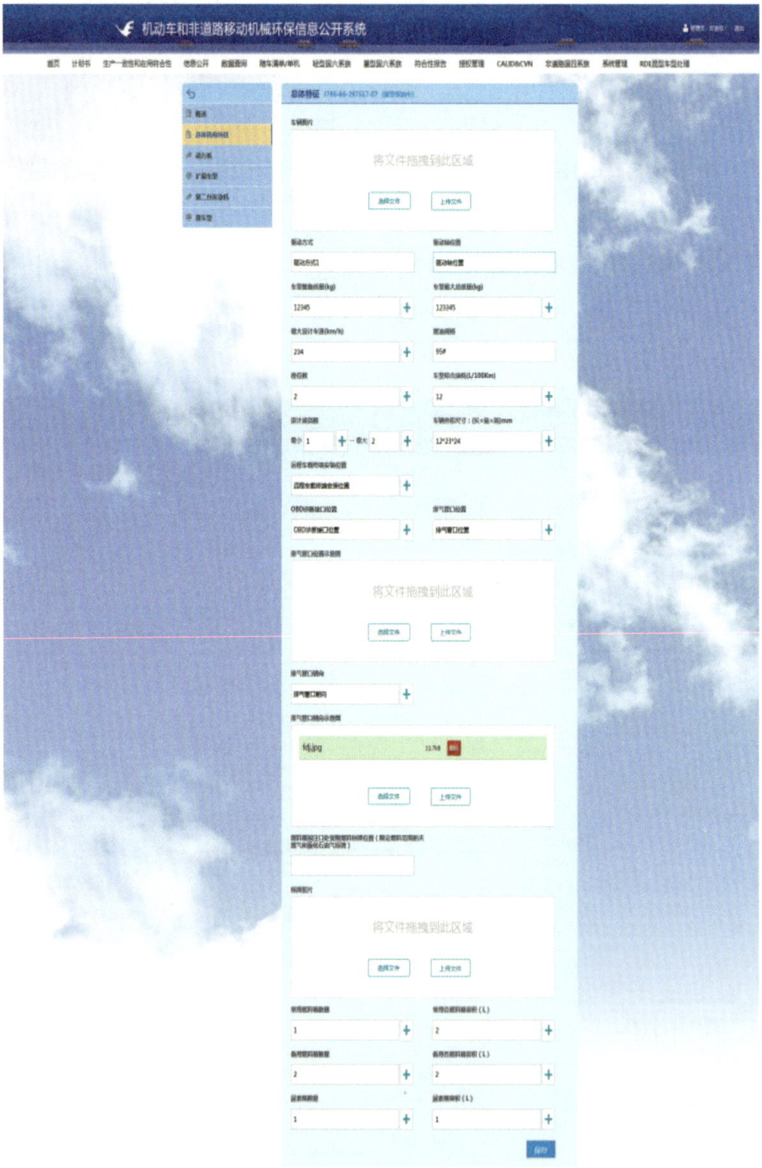

图 5.43　重型柴油车创建附录→整车改装或二类底盘改装→总体机构特征页面

点击“动力系”，界面显示原车型发动机，该发动机信息不可修改；如该车型有新增发动机，选择“新增”，根据授权给本企业的已公开或入库的发动机型号搜索，选择对应发动机。重型柴油车创建附录→整车改装或二类底盘改装→动力系填报页面见图 5.44。

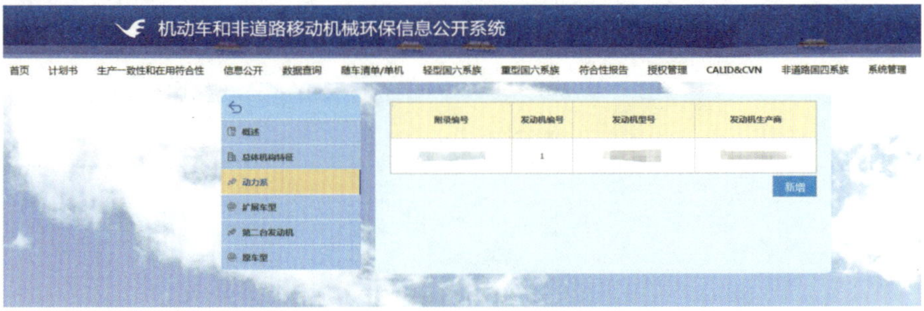

图 5.44　重型柴油车创建附录→整车改装或二类底盘改装→动力系填报页面

点击“扩展车型”，完成相关内容的填报，并点击“保存”。重型柴油车创建附录→整车改装或二类底盘改装→扩展车型填报页面见图 5.45。

点击“第二台发动机”，界面显示原车型第二台发动机，该发动机信息不可修改信息，可以删除；如需新增第二台发动机，选择“新增”，根据授权给本企业的已公开或入库的发动机型号搜索，选择对应发动机，点击“◎”将对应发动机添加到第二台发动机的相关信息中。重型柴油车创建附录→整车改装或二类底盘改装第二台发动机填报页面见图 5.46。

图 5.45　重型柴油车创建附录→整车改装或二类底盘改装→扩展车型填报页面

图 5.46　重型柴油车创建附录→整车改装或二类底盘改装→第二台发动机填报页面

3. 三类改装车

点击创建附录→三类改装车后，进入车辆信息填报页面，填写“概述”，完成相关信息的上传，并点击“保存”，重型柴油车创建附录→三类改装车→概述页面见图 5.47。

图 5.47　重型柴油车创建附录→三类改装车→概述页面

点击“总体机构特征”，完成对应内容的填报，点击“保存”。重型柴油车创建附录→三类改装车→总体机构特征填报页面见图 5.48。

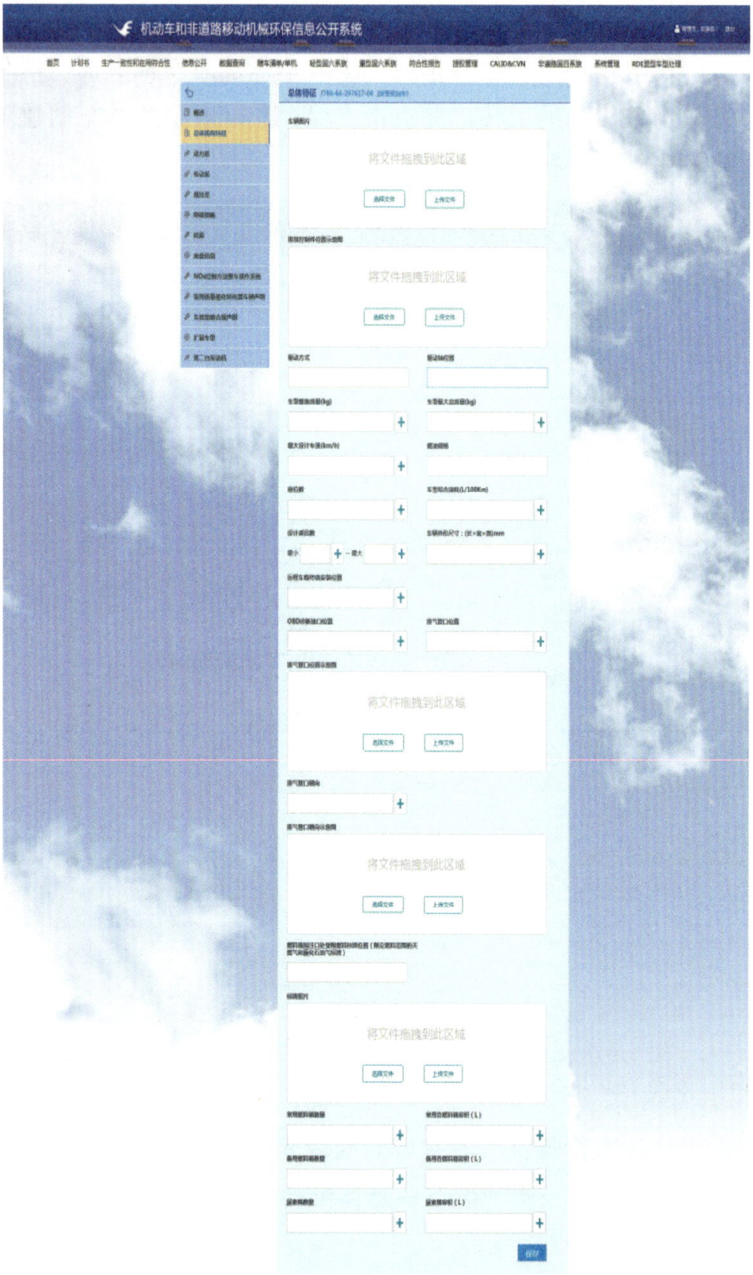

图 5.48　重型柴油车创建附录→三类改装车→总体机构特征填报页面

点击“动力系”，选择“新增”，根据授权给本企业的已公开或入库的发动机型号搜索，选择对应发动机，选择对应发动机。重型柴油车创建附录→三类改装车→动力系搜索页面见图 5.49。

图 5.49　重型柴油车创建附录→三类改装车→动力系搜索页面

添加对应发动机后，点击“✎”填写概述、进气系统、排气系统、NO_x 车载零部件以及混合动力→电机等相关信息。重型柴油车创建附录→三类改装车→动力系填报页面见图 5.50。

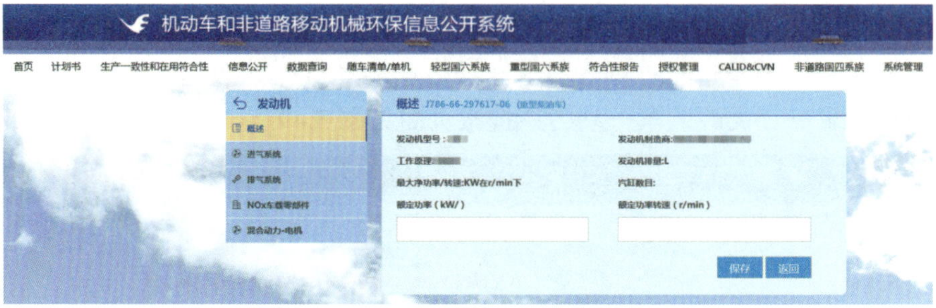

图 5.50　重型柴油车创建附录→三类改装车→动力系填报页面

点击“传动系”，完成对应内容的填报，并点击“保存”。重型柴油车创建附录→三类改装车→传动系填报页面见图 5.51。

点击“悬挂系”，完成悬挂系型式、悬挂系生产厂等内容的填写，并点击“保存”。重型柴油车创建附录→三类改装车→悬挂系填报页面见图 5.52。

点击“降噪措施”，完成降噪材料（发动机舱）的填报，并点击“保存”。重型柴油车创建附录→三类改装车→降噪措施填报页面见图 5.53。

图 5.51　重型柴油车创建附录→三类改装车→传动系填报页面

图 5.52　重型柴油车创建附录→三类改装车→悬挂系填报页面

图 5.53　重型柴油车创建附录→三类改装车→降噪措施填报页面

点击“轮胎”，完成相关内容的填报并点击“保存”。重型柴油车创建附录→三类改装车→轮胎填报页面见图 5.54。

图 5.54　重型柴油车创建附录→三类改装车→轮胎填报页面

点击“底盘信息”，完成相关内容的填报并点击“保存”。重型柴油车创建附录→三类改装车→底盘信息填报页面见图 5.55。

图 5.55　重型柴油车创建附录→三类改装车→底盘信息填报页面

点击“NO_x 控制方法整车操作系统”，完成相关内容的填报并点击“保存”。重型柴油车创建附录→三类改装车→ NO_x 控制方法整车操作系统填报页面见图 5.56。

图 5.56　重型柴油车创建附录→三类改装车→ NO_x 控制方法整车操作系统填报页面

点击“装用钒基催化转化器车辆声明”，完成相关内容的填报并点击“保存”。重型柴油车创建附录→三类改装车→装用钒基催化转化器车辆声明填报页面见图 5.57。

图 5.57　重型柴油车创建附录→三类改装车→装用钒基催化转化器车辆声明填报页面

点击“失效策略合规声明”，完成相关内容的填报并点击“保存”。重型柴油车创建附录→三类改装车→失效策略合规声明填报页面见图 5.58。

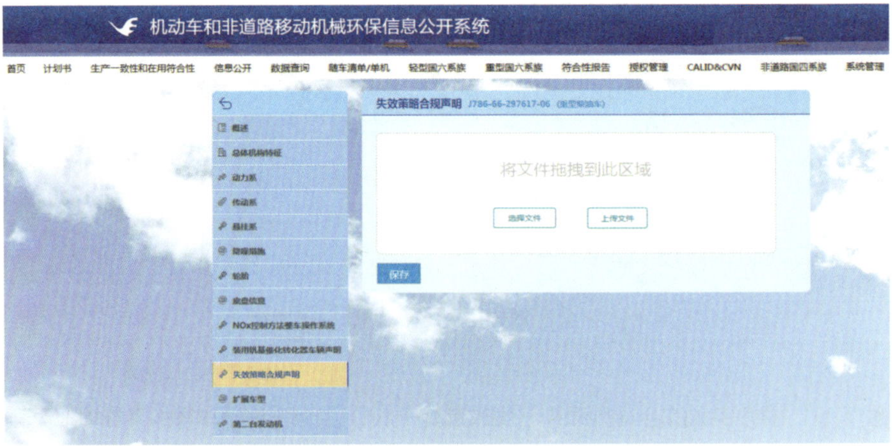

图 5.58　重型柴油车创建附录→三类改装车→失效策略合规声明填报页面

点击“扩展车型”，完成相关内容的填报，并点击“保存”。重型柴油车创建附录→三类改装车→扩展车型填报页面见图 5.59。

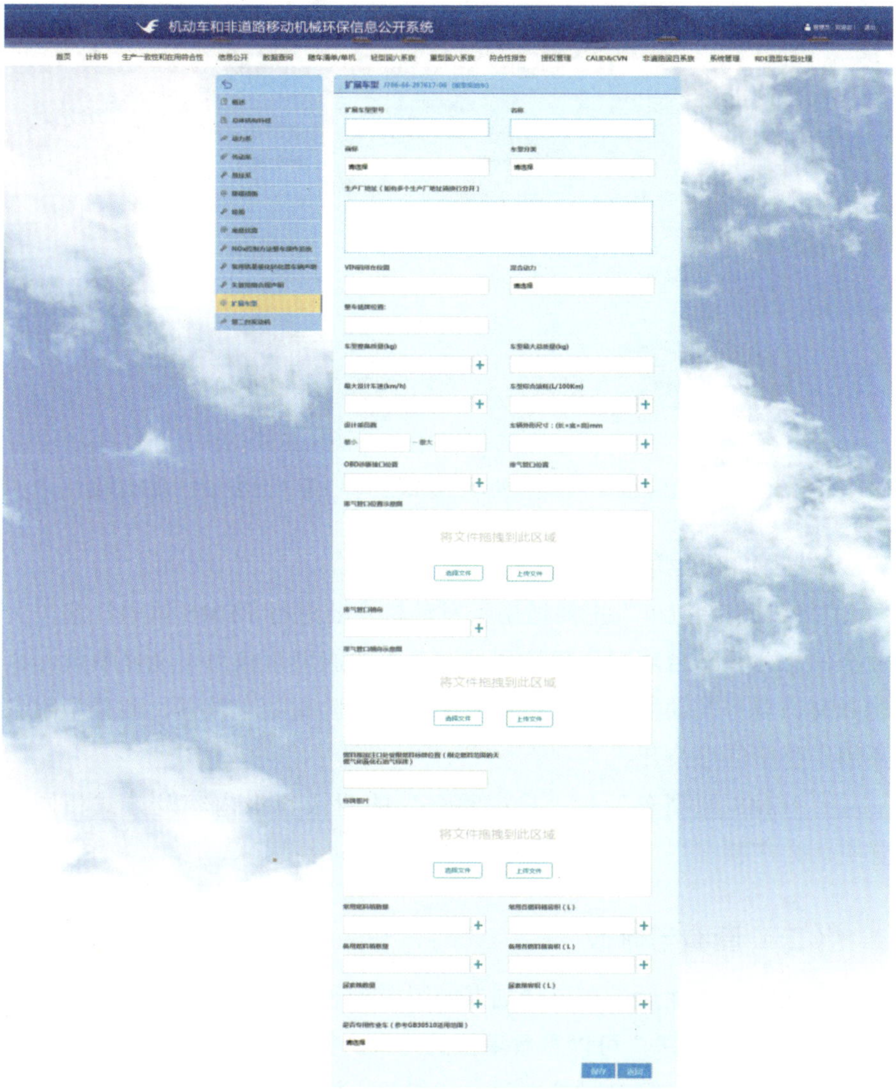

图 5.59　重型柴油车创建附录→三类改装车→扩展车型填报页面

如有第二台发动机，点击“第二台发动机”，完成相关内容的填报，并点击“保存”，填报方式同“动力系”。重型柴油车创建附录→三类改装车→第二台发动机填报页面见图 5.60。

图 5.60　重型柴油车创建附录→三类改装车→第二台发动机填报页面

4.PEMS 原型车

“PEMS 原型车”主要适用于发动机企业进行 PEMS 试验，整车企业在信息公开平台填写搭载该型号发动机的原型车信息，从而使检测机构开展该型号发动机 PEMS 试验时，调取试验原型车数据。此类型附录不用于整车信息公开。

“PEMS 原型车”与“自产整车”的附录填报内容及方式相同，详见“自产整车”。

（二）查看与修改

完成附录创建后，在该计划书的附录列表会生成一条附录，点击操作栏查看按钮“◎”可以查看填报的附录。如该附录状态为“未备案”或“被打回”，则可对附录内容进行修改。重型柴油车附录查看与修改操作页面见图 5.61。

图 5.61　重型柴油车附录查看与修改操作页面

（三）附录备案

填报账户在附录列表中点击提交按钮“”，该附录将提交至审核账户，则该条附录状态显示为“申请中”。重型柴油车附录提交操作页面见图 5.62。

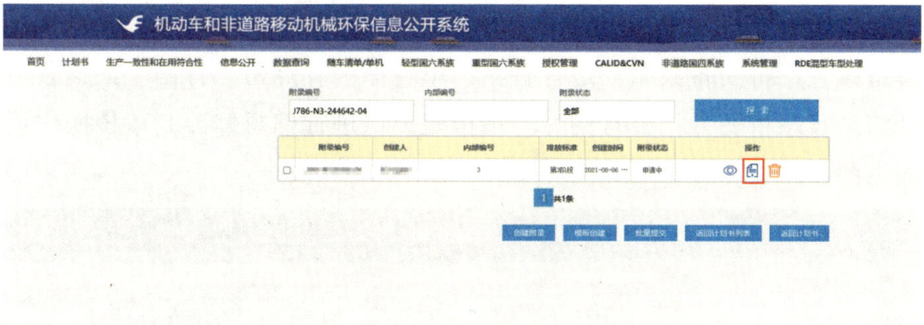

图 5.62　重型柴油车附录提交操作页面

此时审核人员登录审核账户，点击对应计划书的附录按钮“”，进入该计划书附录列表。审核账户操作页面见图 5.63。

图 5.63　审核账户操作页面

审核人员点击审核按钮“”可对附录状态为“申请中”的附录进行审核通过或打回操作。点击“通过”，该条附录状态将变为“已审核待备案”，将由备案账户进行备案；填写原因并点击“打回”，该条附录信息状态将变为“被打回”，填报账户可进行信息修改。审核操作页面见图 5.64。

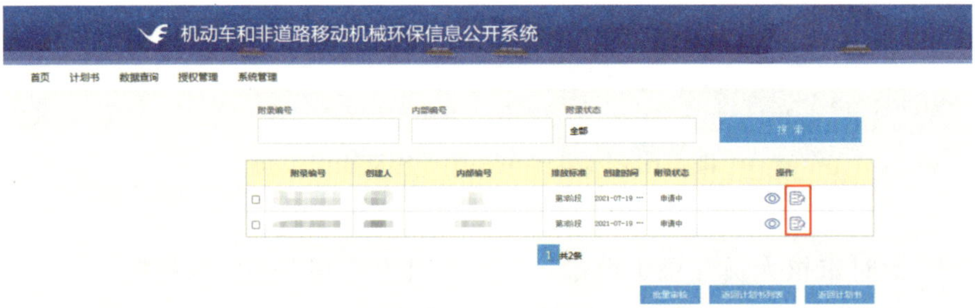

图 5.64　审核操作页面

备案人员登录备案账户，点击对应计划书的附录按钮“ ”，进入该计划书附录列表。备案账户操作页面见图 5.65。

图 5.65　备案账户操作页面

备案人员点击备案按钮“”可对附录状态为“已审核待备案”的附录进行备案的通过或打回操作。点击“通过”，该条附录状态将变为“已备案”；填写打回原因并点击“打回”，则该条附录信息状态将变为“被打回”，填报账户可进行信息修改。

企业如有需要，可以在操作界面左侧勾选状态为“已备案”的附录，并对该附录进行底盘入库操作，备案操作页面见图 5.66。

图 5.66　备案操作页面

（四）删除附录

如附录状态为“未备案”或“被打回”时，操作列中点击删除按钮将删除该条附录。重型柴油车删除附录操作页面见图 5.67。

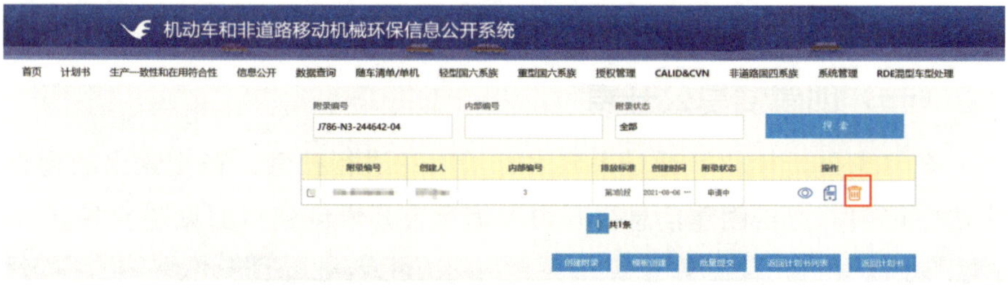

图 5.67　重型柴油车删除附录操作页面

三、开展型式检验

完成重型柴油车附录备案后，由授权的检验机构下载已备案附录，按相关标准要求开展型式检验。

四、信息公开或入库

检验机构完成车辆型式试验，上传检验报告后，企业可以在数据查询模块下的检验报告页面，通过检验报告编号等信息进行查询。若车辆已上传完整的检验报告，即可进行信息公开或入库。信息公开表的创建（发送）、审核和公开需要不同权限账户进行操作。检验报告查询页面见图 5.68。

图 5.68 检验报告查询页面

（一）创建信息公开表

在信息公开模块下通过系族名称等信息进行搜索。在搜索出的列表中选中选项，点击创建信息公开表。信息公开表创建页面见图 5.69。

图 5.69 信息公开表创建页面

选择是否进口，是否混合动力和是否属于单车认证等选项，并点击“下一步”。开始创建信息公开表操作页面见图 5.70。

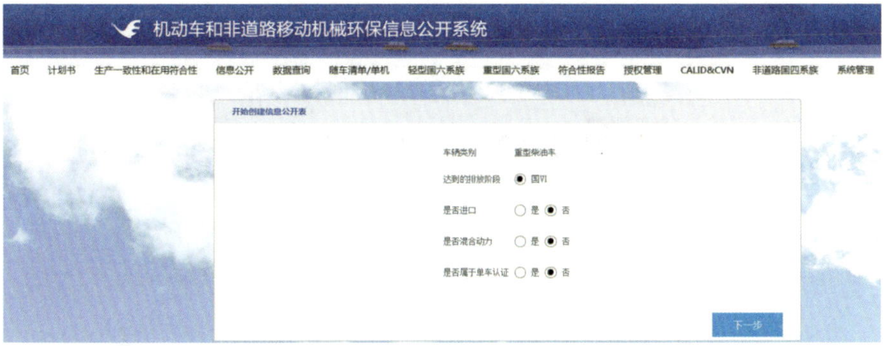

图 5.70 开始创建信息公开表操作页面

根据车辆配置，勾选对应的发动机配置，并点击“下一步”；再选择需要公开的相关配置，并点击“下一步”。信息公开表信息选择页面见图 5.71。

图 5.71 信息公开表信息选择页面

选择企业信息公开网址，并确认其他相关信息，并点击“下一步”。企业信息公开网址选择页面见图 5.72。

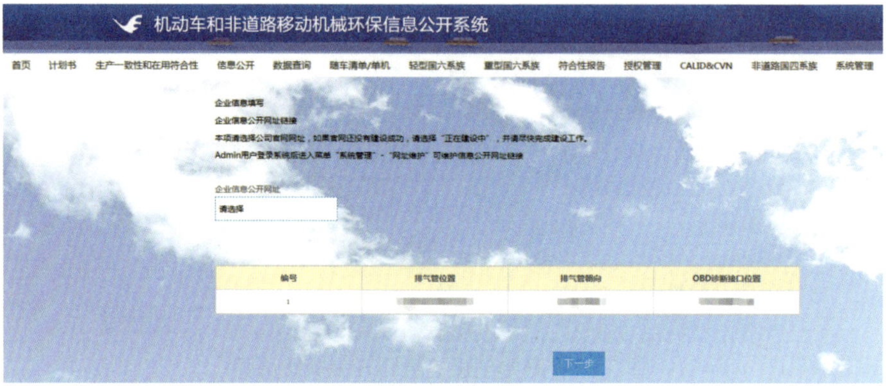

图 5.72　企业信息公开网址选择页面

系统将提示成功创建信息公开表。成功创建信息公开表页面见图 5.73。

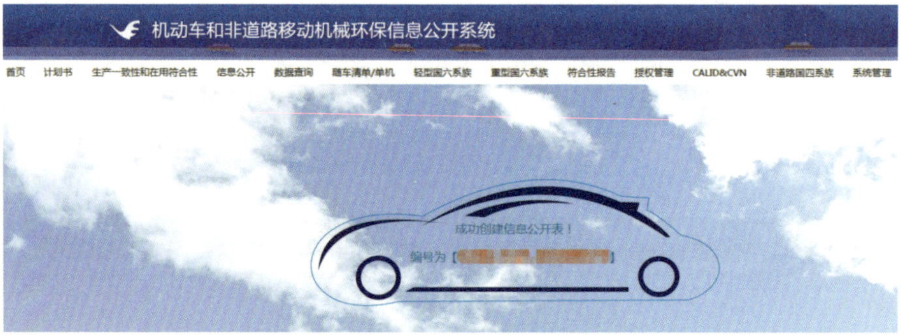

图 5.73　成功创建信息公开表页面

（二）提交信息公开表

已创建的信息公开表可以点击“数据查询”模块下的“信息公开表”，通过申报编号、状态、车辆型号或创建人进行搜索。在搜索结果列表中选中待提交的信息公开表，点击“提交信息公开表”。

若提交的信息公开表通过系统校验，则该信息公开表将自动生成信息公开编号，状态由“未发送”变为“待审核”，由审核账户进行审核。若提交的信息公开表未通过系统校验，则不会生成信息公开编号，该条信息公开表状态将变为“被打回”。一经打回，该信息公开表将无法再次提交。信息公开表提交页面见图 5.74。

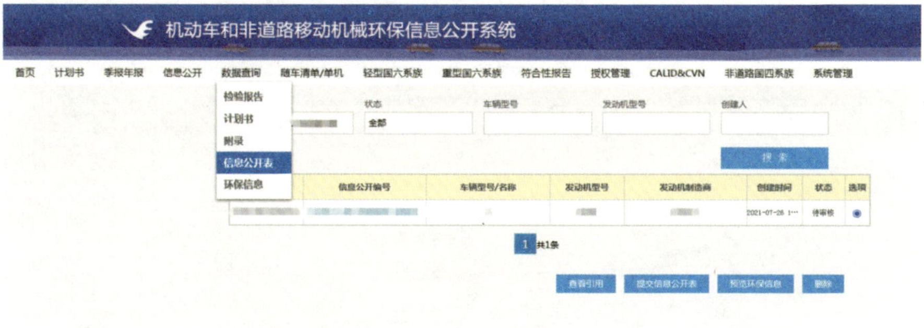

图 5.74　信息公开表提交页面

（三）审核信息公开表

审核账户人员登录系统后，点击“数据查询”模块下的信息公开表，可通过申报编号、状态、车辆型号或创建人等进行搜索。在搜索结果列表中选中待审核的信息公开表，点击“预览环保信息”。审核账户审核信息公开表入口见图 5.75。

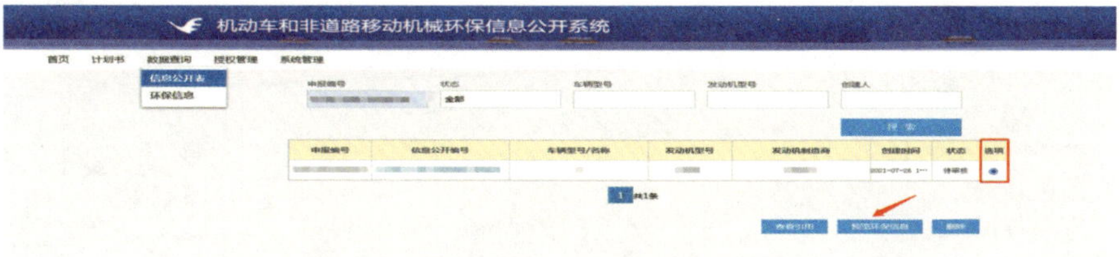

图 5.75　审核账户审核信息公开表入口

在预览环保信息页面，完成所有信息的核对后，在页面底部可以选择审核通过或退回申请。点击“审核通过”，填写原因并提交后，该信息公开表将提交至备案账户进行公开或入库，状态变为“已审核待公开”；若点击“退回申请”，填写原因并提交后，该条信息公开表状态将变为“被打回”。一经打回，该条信息公开表将无法再次提交。审核账户审核信息公开表操作页面见图 5.76。

重型柴油车环保信息

信息公开编号：

机动车排污监控中心声明：本企业依据《中华人民共和国大气污染防治法》和生态环境部相关规定公开机动车环保信息，本企业对公开的所有内容的真实性、准确性、及时性和完整性负责。本企业承诺：我企业型号为重型柴油车测试111的重型柴油车符合《重型柴油车污染物排放限值及测量方法（中国第六阶段）》（GB 17691-2018）b阶段、《柴油车污染物排放限值及测量方法（自由加速法及加载减速法）》（GB 3847）和《汽车加速行驶车外噪声限值及测量方法》（GB 1495-2002）第Ⅱ阶段的要求，同时符合相关标准规定的环境保护耐久性要求。

第一部分 车辆信息

1、车辆型号：		2、生产厂地址：	
3、商标：		4、车辆铭牌位置：	
5、汽车分类：		6、OBD接口位置：	
7、排放阶段：		8、排气管口位置：	
9、车辆制造商名称：		10、排气管口朝向：	

第二部分 发动机信息

11、发动机型号：	
12、制造商名称：	
13、生产厂地址：	
14、厂牌：	
15、系统名称：	

第三部分 检验信息

16、型式检验信息：

依据的标准	检测机构	检测结论
GB 17691-2018		

ECU	
催化转化器（DOC）	
催化转化器（SCR）	
催化转化器（ASC）	
催化转化器（LNT）	
催化转化器（其他）	
颗粒捕集器（DPF）	
颗粒物控制装置（其他）	

注：排气后处理系统标识应标明排气后处理系统型号及其生产企业、封装生产企业、载体生产企业和涂层生产企业。

企业名称：

信息公开时间：

审核通过　退回申请　打印本页　关闭

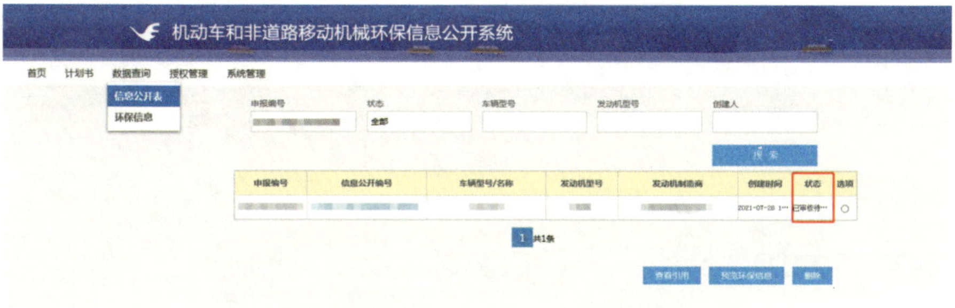

图 5.76　审核账户审核信息公开表操作页面

（四）公开信息公开表

备案账户人员登录系统后，点击“数据查询”模块下的“信息公开表”，可通过申报编号、状态、车辆型号或创建人等进行搜索。在搜索结果列表中选中“已审核待公开”的信息公开表，点击“预览环保信息”。备案账户操作页面见图 5.77。

在“预览环保信息”页面，完成所有信息的核对后，在页面底部可以选择确认公开、确认入库或退回申请。备案账户人员确认信息公开操作页面见图 5.78。

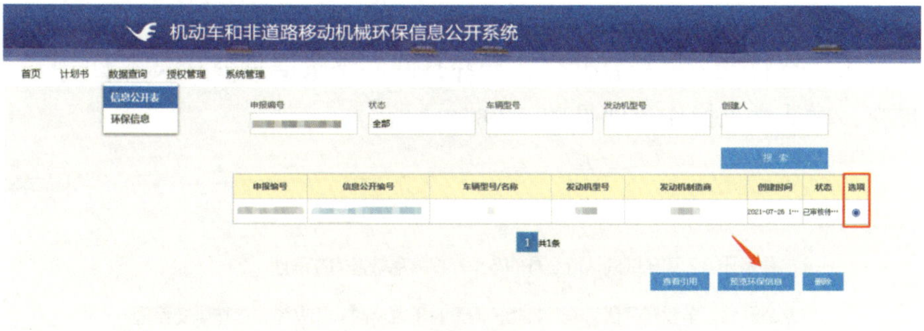

图 5.77　备案账户操作页面

图 5.78　备案账户人员确认信息公开操作页面

点击“确认公开”，在弹出框中点击“确定”，则完成该重型柴油车车辆的信息公开；点击“退回申请”，填写原因并提交后，该条信息公开表状态将变为“被打回”。一经打回，该条信息公开表将无法再次提交。确认意见操作页面见图 5.79。

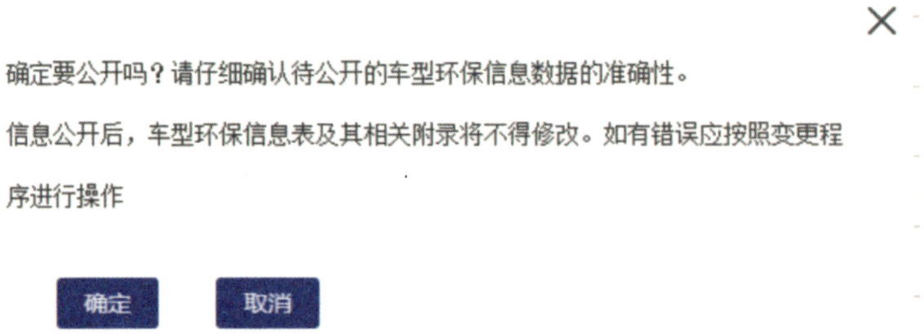

图 5.79　确认意见操作页面

第六章

随车清单上传

马凌云　付雨民

重型柴油车在完成信息公开后，需要报送随车清单信息。报送内容包括车架号（VIN码）、信息公开编号、商标、生产厂地址、发动机编号、生产日期、出厂日期、出厂试验、出厂试验结论、官方网站、发动机厂牌、发动机生产厂地址等。随车清单上传信息页面见图6.1。

图6.1 随车清单上传信息页面

一、随车清单报送

报送主要有三种方式：接口报送、网上报送和PDF报送。

（一）接口报送

在上传页面中，下载《随车清单（非道路移动机械单机）信息接口方式报送说明以及模式文件下载(2021-06 更新)》,并按照说明进行报送。随车清单接口报送说明下载页面见图 6.2。

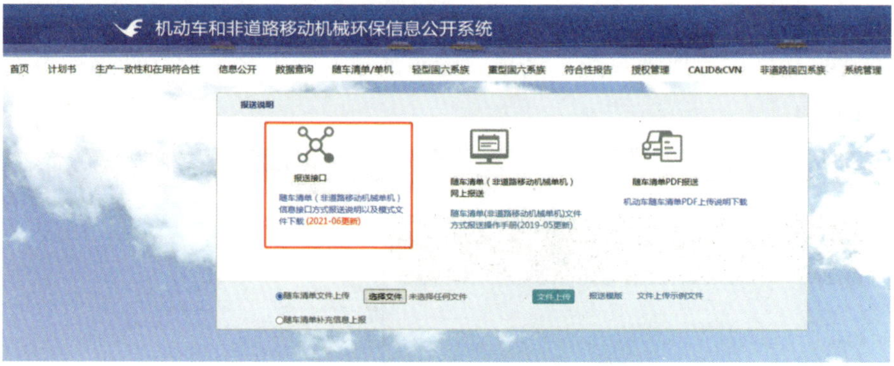

图 6.2　随车清单接口报送说明下载页面

（二）网上报送

在上传页面中，下载《随车清单（非道路移动机械单机）文件方式报送操作手册（2019-05 更新）》，并按照说明进行报送。随车清单网上报送说明下载页面见图 6.3。

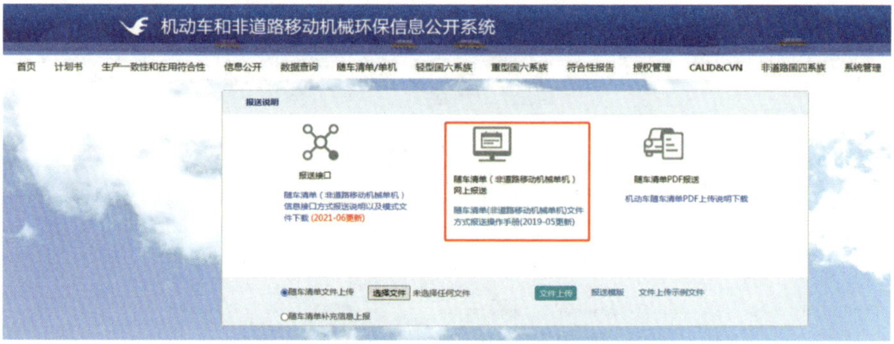

图 6.3　随车清单网上报送说明下载页面

随车清单网上报送共分为“随车清单文件上传”和“随车清单补充信息上报”两部分。

1. 随车清单文件上传

页面底部选择“随车清单文件上传”，点击“报送模板”“文件上传示例文件”，下载随车清单报送模板，参照文件上传示例文件和文件方式报送操作手册填写随车清单。随车清单文件上传示例文件操作页面见图 6.4。

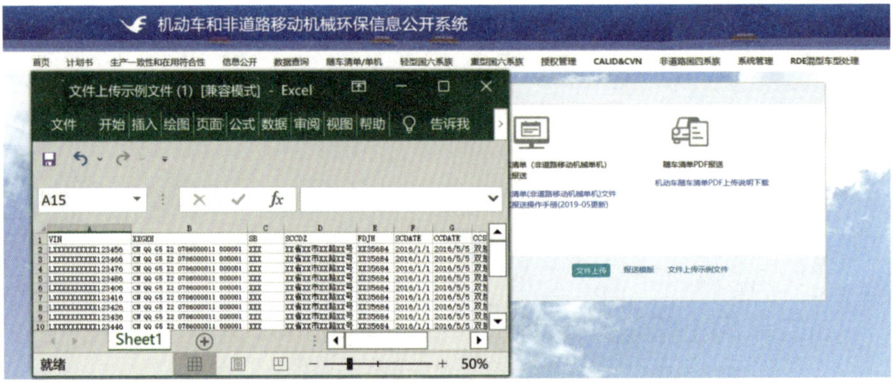

图 6.4 随车清单文件上传示例文件操作页面

点击“选择文件”，选择已经填写好的随车清单文件，见图 6.5。

图 6.5 随车清单文件上传选择文件页面

点击“文件上传”，上传随车清单文件。若上传文件格式不符合要求，则将弹出相应错误提示。若文件格式无误，则将显示随车清单列表。

上传随车清单文件页面见图 6.6。

图 6.6 上传随车清单文件页面

确认随车清单列表，无误点击“上报”，反之则点击“取消”。确认随车清单列表页面见图 6.7。

图 6.7 确认随车清单列表页面

2. 随车清单补充信息上报

页面底部选择“随车清单补充信息上报”，点击“报送模板”“补充信息报送示例文件”，下载随车清单补充信息报送模板，参照文件上传示例文件和文件方式报送操作手册填写随车清单补充信息。随车清单补充信息上报页面见图 6.8。

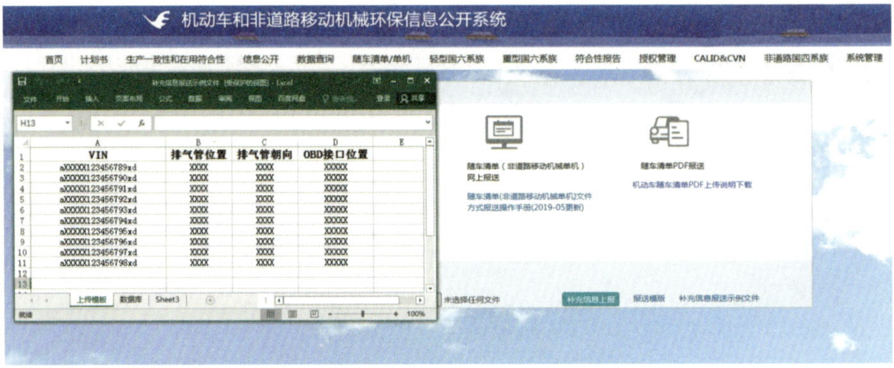

图 6.8　随车清单补充信息上报页面

点击“选择文件”，选择已经填写好的随车清单补充信息文件，见图 6.9。

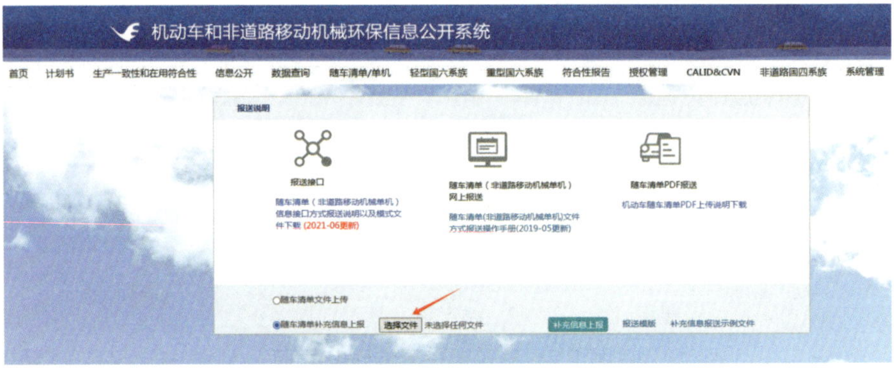

图 6.9　随车清单补充信息上报选择文件页面

点击“补充信息上报”，上传随车清单补充信息文件。若上传文件格式不符合要求，则将弹出相应错误提示。若文件格式无误，则将显示随车清单补充信息列表。随车清单补充信息上报上传随车清单补充信息文件页面见图 6.10。

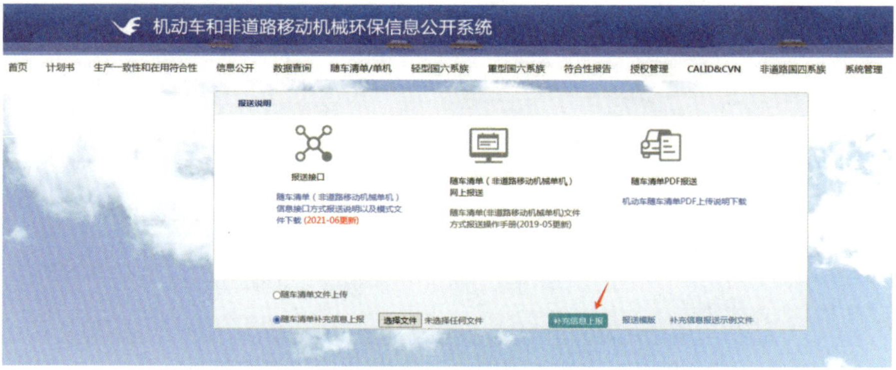

图 6.10　随车清单补充信息上报上传随车清单补充信息文件页面

确认随车清单补充信息列表，无误点击“上报”，反之则点击“取消”。确认随车清单补充信息列表页面见图 6.11。

图 6.11　确认随车清单补充信息列表页面

（三）PDF 报送

在上传页面中，下载《机动车随车清单 PDF 上传说明》，并按照说明进行报送。随车清单 PDF 报送说明下载页面见图 6.12。

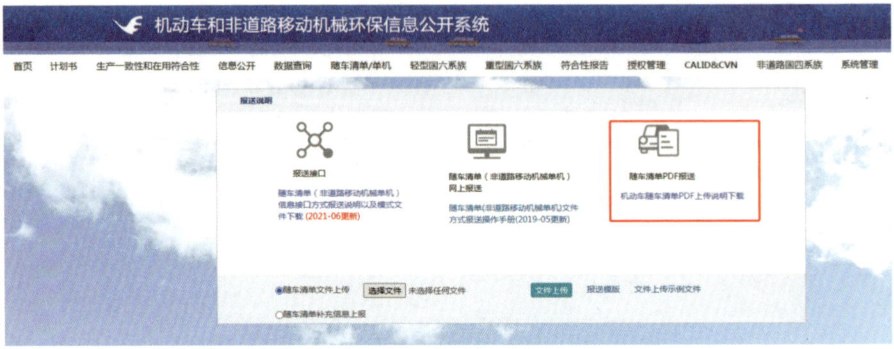

图 6.12　随车清单 PDF 报送说明下载页面

二、随车清单查询

对已经报送成功的随车清单可点击查询报送记录进行查询。

点击“随车清单 / 单机”→“查询报送记录”，进入随车清单查询页面；点击“随车清单 / 单机”→“补充信息查询”，进入随车清单补充信息查询页面。随车清单 / 单机查询报送记录入口见图 6.13。

图 6.13　随车清单 / 单机查询报送记录入口

可根据 VIN、信息公开编号、上传开始时间和上传结束时间等进行查询。填写完成查询条件，点击“搜索”。随车清单 / 单机查询报送记录搜索页面见图 6.14。

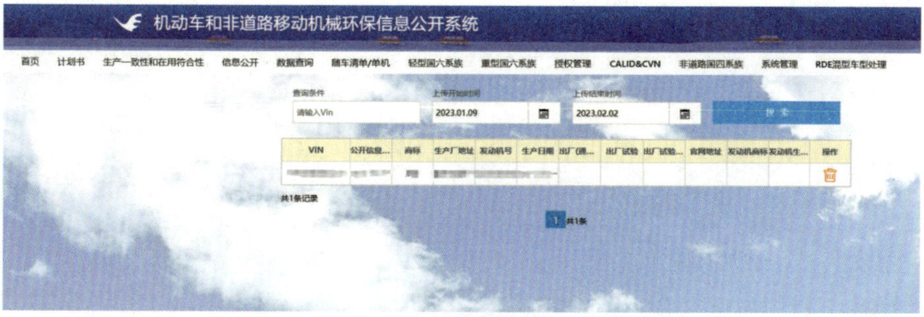

图 6.14　**随车清单 / 单机查询报送记录搜索页面**

查询后，若发现报送的随车清单有误，并且报送完成的时间未超过 48 小时，则可以点击“🗑”删除错误信息，并按照随车清单报送流程重新报送。如果报送完成时间超过 48 小时，则不能直接删除，需要进行更正处理。

第七章

CAL ID&CVN 报送

王明达　钱立运

企业需填报 CAL ID&CVN，根据企业类型，填报类别分为重型发动机和重型车，下面分别说明。

一、重型柴油车用发动机 CAL ID&CVN 报送

点击首页“CAL ID&CVN”→“国六重型发动机”，进入重型柴油车用发动机 CAL ID&CVN 填报页面，见图 7.1。

图 7.1 重型柴油车用发动机 CAL ID&CVN 填报页面

（一）上传

点击首页“报送模板下载”，下载重型柴油车用发动机 CAL ID& CVN 报送模板，参照文件上传示例文件填写报送文件。重型柴油车用发动机 CAL ID& CVN 上传模板文件操作页面见图 7.2。

图 7.2　重型柴油车用发动机 CAL ID&CVN 上传模板文件操作页面

点击“上传”，在弹出界面中点击“选择文件”，选择已填写好的报送文件，点击“上传文件”完成操作。如果上传成功，报送数据则会显示在填报页面；如果未上传成功，根据对应提示原因修改报送文件后重新上传。重型柴油车用发动机 CAL ID& CVN 上传页面见图 7.3。

（二）修改与删除

上传完成后，重型柴油车用发动机 CAL ID&CVN 填报界面会出现对应报送数据，如果数据报送有误，点击右侧操作栏中“✎”和“🗑”，可对该条数据进行修改或删除。重型柴油车用发动机 CAL ID& CVN 报送数据修改及删除操作页面见图 7.4。

图 7.3　重型柴油车用发动机 CAL ID&CVN 上传页面

图 7.4　重型柴油车用发动机 CAL ID&CVN 报送数据修改和删除操作页面

点击“✎”，进入报送数据修改页面，除信息公开号、发动机型号和发动机生产厂这三项不可修改，其余信息均可修改；修改完成后，点击“保存”完成操作。重型柴油车用发动机 CAL ID& CVN 修改页面见图 7.5。

图 7.5　重型柴油车用发动机 CAL ID&CVN 修改页面

二、重型柴油车 CAL ID&CVN 报送

点击首页“CAL ID&CVN”→“国六重型车”，进入重型柴油车 CAL ID&CVN 填报页面，见图 7.6。

图 7.6　重型柴油车 CAL ID&CVN 填报页面

（一）上传

点击首页“报送模板下载”，下载重型柴油车 CAL ID&CVN 报送模板，参照文件上传示例文件填写报送文件。重型柴油车用发动机 CAL ID& CVN 上传模板文件操作页面见图 7.7。

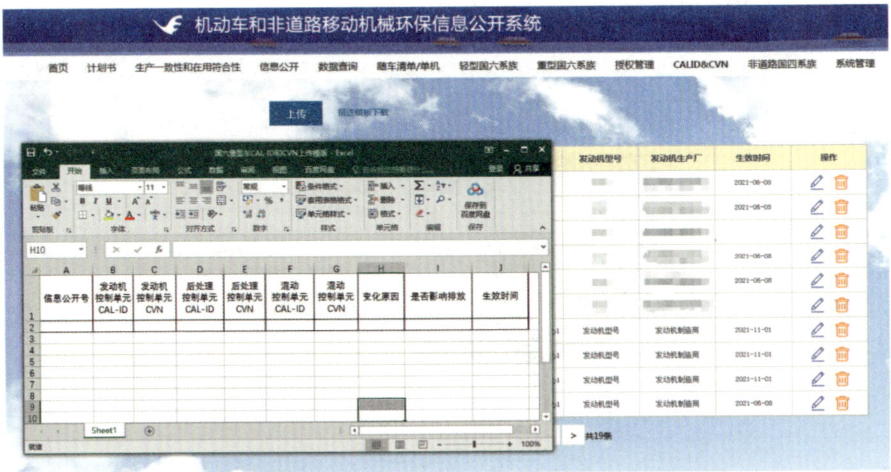

图 7.7　重型柴油车 CAL ID&CVN 上传模板文件操作页面

点击“上传”，在弹出界面中点击“选择文件”，选择已填写好的报送文件，点击“上传文件”完成操作。如果上传成功，报送数据则会显示在填报界面；如果未上传成功，根据对应提示原因修改报送文件后重新上传。重型柴油车 CAL ID&CVN 上传页面见图 7.8。

图 7.8　重型柴油车 CAL ID&CVN 上传页面

（二）修改与删除

上传完成后，重型柴油车 CAL ID&CVN 填报界面会出现对应报送数据，如果数据报送有误，点击右侧操作栏中“”和“”，可对该条数据进行修改或删除。重型柴油车 CAL ID&CVN 报送数据修改和删除操作页面见图 7.9。

点击“”，进入报送数据修改界面，除信息公开号、发动机型号和发动机生产厂这三项不可修改，其余信息均可修改；修改完成后，点击“保存”完成操作。重型柴油车 CAL ID&CVN 修改页面见图 7.10。

图 7.9　重型柴油车 CAL ID&CVN 报送数据修改和删除操作页面

图 7.10　重型柴油车 CAL ID&CVN 修改页面

第八章

生产一致性与在用符合性

鲁嘉欣　张乐琦

企业需填报生产一致性与在用符合性相关信息。包括“国六重型生产一致性在用符合性”及“季报年报”两个模块。

一、 国六重型生产一致性和在用符合性

点击首页“生产一致性和在用符合性”→“国六重型生产一致性在用符合性”，进入国六重型生产一致性在用符合性填报页面，见图 8.1。

图 8.1　国六重型生产一致性和在用符合性填报页面

如列表中无当年数据项，可点击“新增”添加当前年度。新增年度页面见图 8.2。

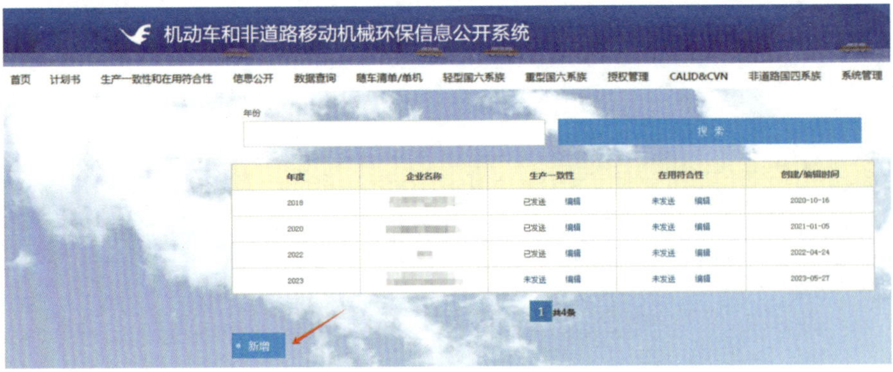

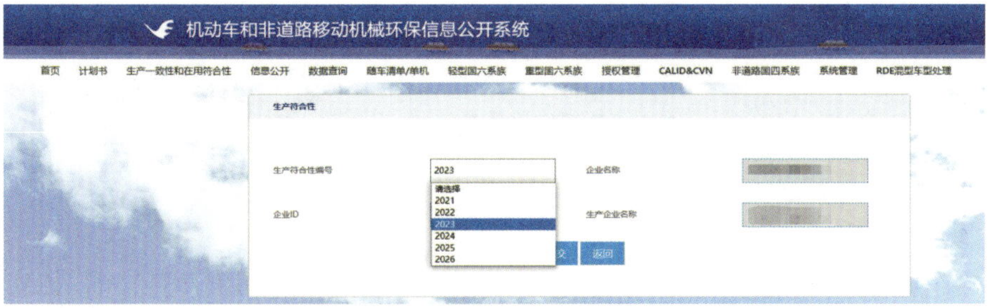

图 8.2　新增年度页面

（一）生产一致性

在“国六重型生产一致性在用符合性”填报页面，选择对应年度，在“生产一致性”一列下点击“编辑”。生产一致性入口页面如图 8.3。

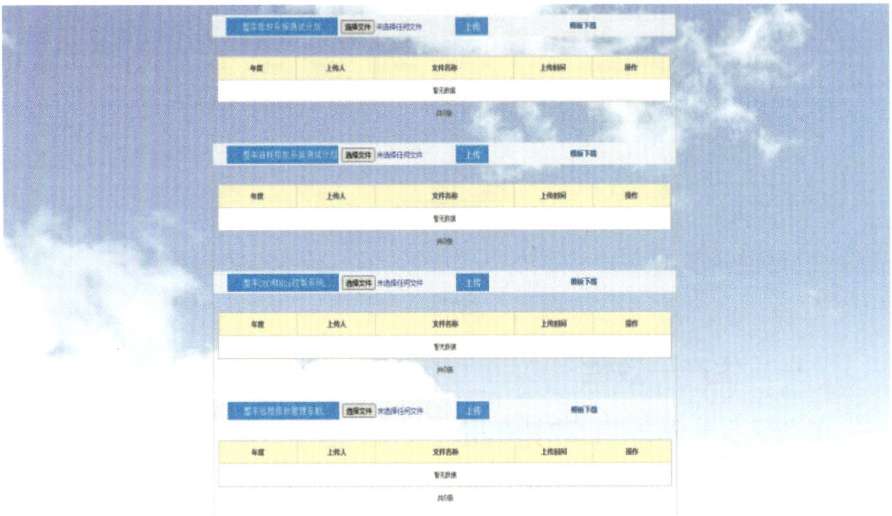

图 8.3 生产一致性入口页面

生产一致性填报页面可对年度测试计划、季度测试报告、年度分析报告进行填报。重型柴油车企业及重型柴油车用发动机企业根据实际情况选择对应栏目，下载模板，填写后点击“上传”。生产一致性填报页面如图 8.4 所示。

图 8.4 生产一致性填报页面

（二）在用符合性

在“国六重型生产一致性在用符合性”填报页面，选择对应年度，在“在用符合性”一列下点击“编辑”。在用符合性入口页面如图 8.5 所示。

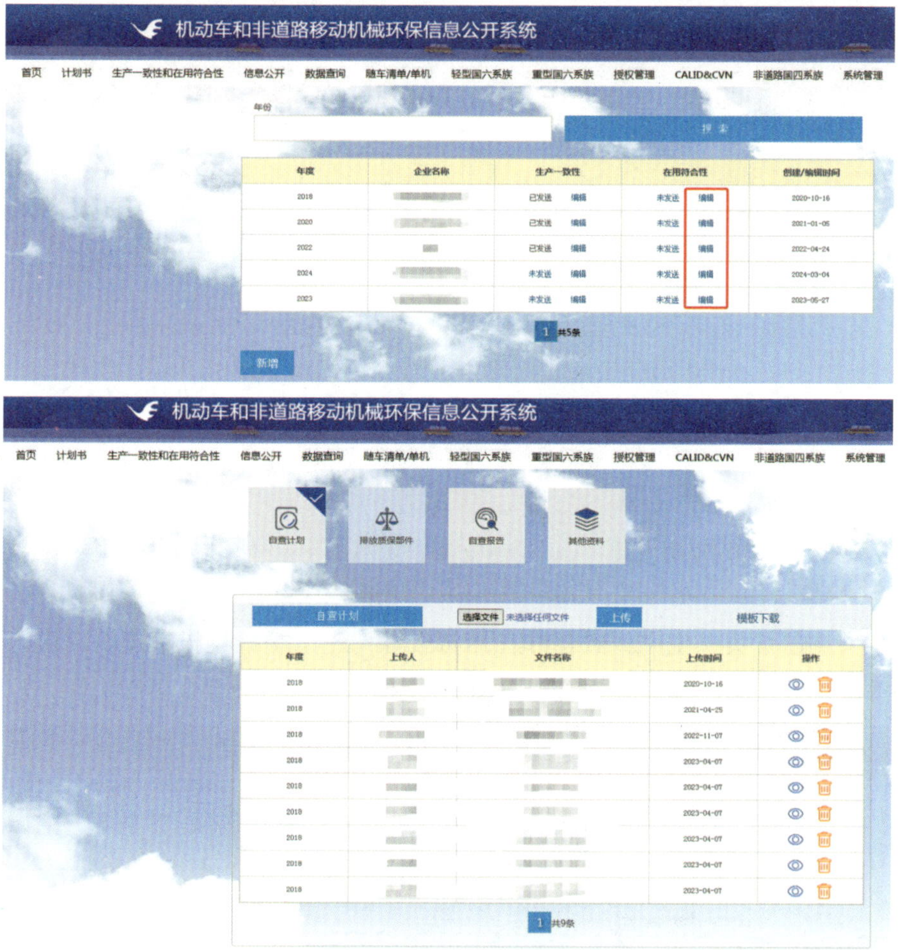

图 8.5　在用符合性入口页面

在用符合性填报页面可对自查计划、排放质保部件、自查报告、其他资料进行填报。重型柴油车企业及重型柴油车用发动机企业根据实际情况选择对应栏目，下载模板，填写后点击“上传”。在用符合性填报页面如图 8.6 所示。

图 8.6　在用符合性填报页面

二、季报年报

点击首页“生产一致性和在用符合性”→“季报年报管理”，进入季报年报页面。季报年报管理页面见图 8.7。

图 8.7　季报年报管理页面

如列表中无当年数据项，可点击“新增”添加当前年度。新增年度页面见图 8.8。

图 8.8　新增年度页面

（一）季报管理

季报需要报送的内容包括企业基本情况、月度企业生产和销售情况、季度企业关键部件采购情况、企业机械（发动机）排放检验情况等。

在“季报年报管理”页面选择对应年度，点击操作列中的“季度报告”。季度报告入口见图 8.9。

图 8.9　季度报告入口

在企业基本信息页面填写企业基本信息，点击“保存”。季度报告→企业基本信息页面见图 8.10。

图 8.10　季度报告→企业基本信息页面

在企业基本信息页面点击“下载”，下载每月生产量、销售量、关键部件采购情况模板，按照模板要求填写月度产销量和季度关键部件采购量。模板页面见图 8.11。

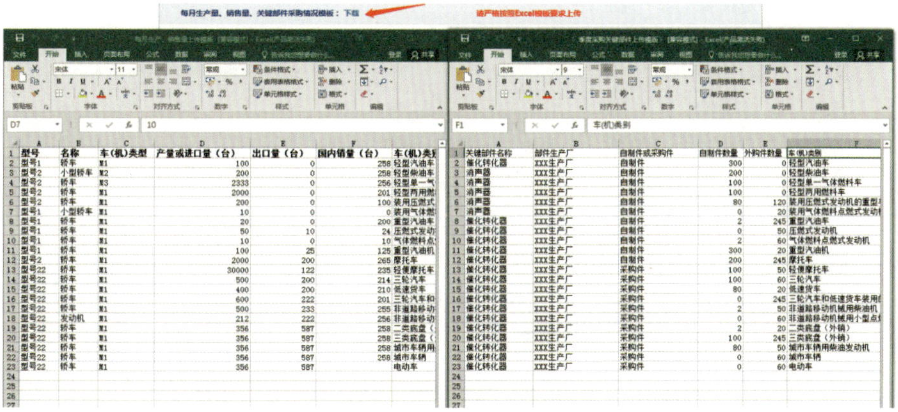

图 8.11　模板页面

在企业基本信息页面“每月生产销售明细”下点击“选择文件”，选中已填写的月度机械产销量文件，选择“打开”。在页面上点击“上传”。若数据格式无误，则提示“上传成功”，若数据格式有误，则提示“操作失败”。点击“查看所选月份”可以查看对应月度机械产销量，如果有误可以点击“删除所选月份”。季度报告→每月生产销售明细操作页面见图 8.12。

月份	车辆类别			阶段	产量或进口量（台）	出口量（台）	国内销量（台）
5月份	轻型汽油车	型号1	M1	国I	100	0	258
5月份	轻型柴油车	型号2	M2	国I	200	0	258
5月份	轻型单一气体燃料车	型号2	M3	国II	2333	0	256
5月份	轻型两用燃料车	型号2	M1	国II	2000	0	201
5月份	装用压燃式发动机的重...	型号2	M1	国III	200	0	100
5月份	装用气体燃料点燃式发...	型号1	M1	国III	10	0	0
5月份	重型汽油车	型号1	M1	国III	20	0	200
5月份	压燃式发动机	型号1	M1	国IV	50	10	24
5月份	气体燃料点燃式发动机	型号1	M1	国IV	10	0	10
5月份	重型汽油机	型号1	M1	国IV	100	25	125

图 8.12　季度报告→每月生产销售明细操作页面

（二）年报管理

年度报告包括三个模块：企业基本信息、年报文档申报和年报网页申报。报送内容包括企业基本信息、车辆（机械）达到环保标准的情况、生产一致性保证计划书变更情况、关键部件外购件（自制件）采购过程质量控制实施情况、关键部件在线检验和定期抽样检验实施情况、不合格品控制情况、生产过程中出现的生产一致性不符合情况及为恢复产品生产一致性采取的措施、生产企业机械（发动机）排放检验情况、生产企业试验室检测质量控制情况等。

1. 企业基本信息

在首页“生产一致性和在用符合性”→“季报年报管理”页面选择“年度报告”。年度报告入口见图 8.13。

图 8.13　年度报告入口

企业基本情况报送，点击“企业基本信息”，对企业所属类别、企业填报人、环保生产一致性管理负责人、电话等信息逐一填写，填写完成后点击“保存”。年度报告→企业基本信息页面见图 8.14。

图 8.14　年度报告→企业基本信息页面

2. 年报数据报送

年报数据报送有两种方式：年报文档申报和年报网页申报。

（1）年报文档申报流程

点击“年报文档申报”，点击“下载模板”，按照模板要求填写年报内容，点击“选择文件”，“上传文件”则完成年报上传。点击“下载当前文件”对已上传年报内容进行查看，若有误可以点击“删除”。年度报告→年报文档申报页面见图 8.15。

图 8.15　年度报告→年报文档申报页面

（2）年报网页申报流程

点击“年报网页申报”，按照要求填写年报内容，完成后点击“保存”。年度报告→年报网页申报页面见图 8.16。

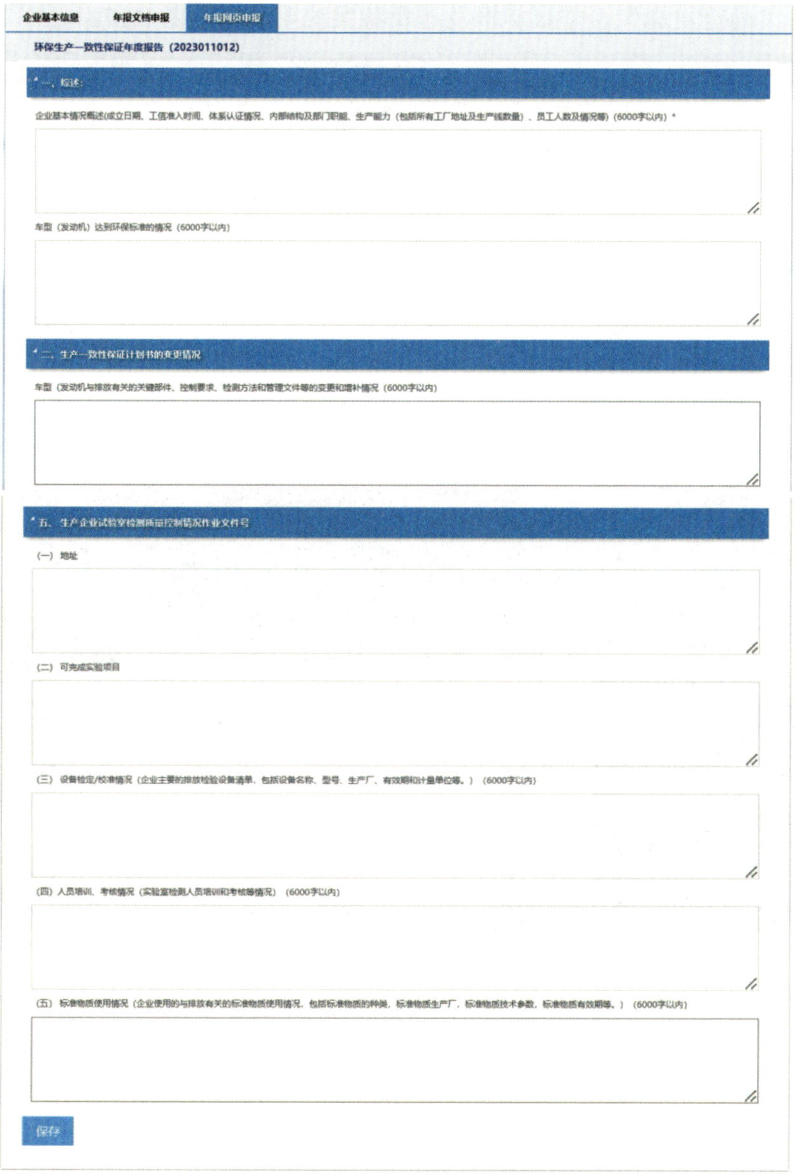

图 8.16　年度报告→年报网页申报页面

（三）季报年报发送

完成季报年报后，在页面点击发送，选择对应报告并填写备案说明，点击“确定发送”。季报年报发送及备案说明填写见图 8.17。

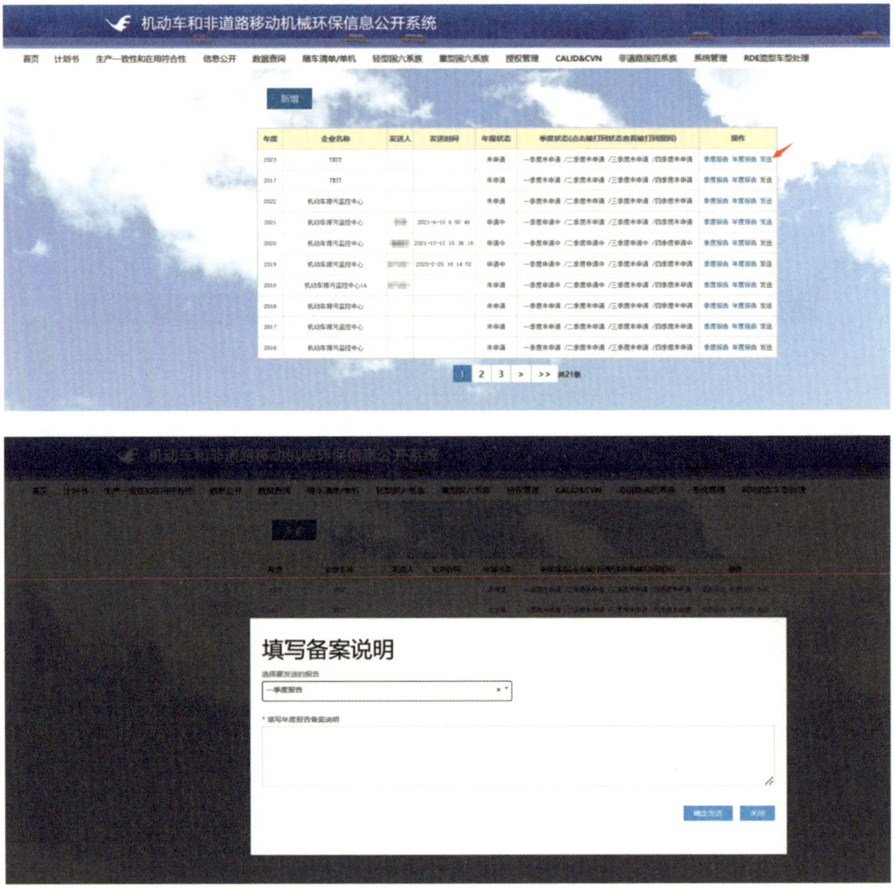

图 8.17　季报年报发送及备案说明填写

附　件　重型柴油车环保信息公开常见问题答疑

Q 1. 如何查询机动车、重型柴油车的环保达标信息公开情况？

A 登录机动车环保网（www.vecc.org.cn）—公众查询页面，按页面提示进行操作。

Q 2. 已经完成环保信息公开的车 / 机型，如何新增排放相关配置？

A 在原附录拟新增排放配置的填报页面中，点击“新增”添加配置信息，并按信息公开流程进行公开。

Q 3. 环保信息公开系统主账户 Admin 账户的密码忘记了，该如何找回？

A 如申请重置 Admin 账户密码，需要提供：①重置密码申请书，申请书需有公司名称和组织机构代码。②法人授权书，授权书需有被授权人身份证号和法人签字。③营业执照复印件、申请人身份证复印件。全部资料盖章扫描件发至指定邮箱。

Q 4. 已经备案的附录如何修改？

A 如果附录尚未进行信息公开，可以使用相应权限的账号打回并修改，如果没有开始试验，可自行修改；如果已进行试验，需要与检测机构沟通，确定是否需要重新开始试验；如果已经信息公开，则不能对附录现有数据项目进行修改，但是可以新增配置；需要修改附录已经信息公开的内容需联系相关人员进行更正。

Q 5. 什么情况需要变更？

A 企业正常的经营管理导致已公开的信息发生变化需进行变更，如企业名称、法人、注册 / 生产地址、商标、零部件生产厂及打刻标识等信息。

Q 6. 什么情况需要更正？

A 更正一般包括以下两种情况：①企业已公开信息发现错误导致信息变化；②因发动机故障或者合格证更换等导致相关信息需要修改。

Q 7. 注册账户需要提供哪些资料？

A 请登录机动车环保网，进入企业环保信息公开系统，点击“注册流程”，按页面要求提供相关资料。具体参考操作手册第二章　注册与企业管理。

Q 8. 信息公开完成后，如何进行随车清单报送？

A 请登录企业环保信息公开系统，点击“随车清单 / 单机”→“报送 VIN/ 单机信息”，按报送说明进行操作。具体参考操作手册第六章上传单机信息数据。

Q 9. 如何用 Admin 账户新增账户、权限分配？

A 信息公开需要三级审核，要用 Admin 账号设置三个不同的账户、密码，三个账号分别对应不同权限。具体参考操作手册第二章 注册与企业管理。

Q 10. Admin 账户可以登录，但是 Admin 分配的子账户密码遗忘该怎么办？

A 用 Admin 账户登录，进入账户列表，详情页点重置。密码会反馈到该子账户的注册邮箱中。

Q 11. 创建计划书时，质量控制文件、检测设备文件、整车排放文件、纠正措施文件、整机排放检测文件中一致性自检规程的文件号，系统显示的所有的文件号是否都需要填写？

A 系统提示为“不适用的项目不需要填写”，如不适用的项目不需要填写。

Q 12. 计划书和附录都已经点击了提交，但是仍显示在申请中，应该如何备案？

A 信息公开系统设置了三级审核账户，不同账户对应不同权限。Admin 账户授权相应账户附录计划书审核权限，用相应附录备案权限的账号进行操作。具体参考操作手册第二章　注册与企业管理。

Q 13. 附录中“商标”位置显示的是“请选择”，无法手动输入，怎么办？

A 填附录前，需要先维护企业的商标情况。点击首页“计划书”→“商标”，进入商标管理页面。具体参考操作手册第三章　重型柴油车用发动机环保信息公开与第五章　重型柴油车环保信息公开中前期准备工作→商标。

Q 14. 登录系统时，选择 VIN/ 单机信息报送文件，点击“文件上传”按钮后一直上报不了 VIN/ 单机信息怎么办？

A 用 Excel 打开上传文件，文件另存为 97-2003 工作簿（即后缀为“.xls”）后再重新上传。

Q 15. 环保信息公开时被打回，显示为信息公开表数据异常，报告缺失。请问是什么原因？

A 请按系统提示核对报告是否完整。

Q 16. 企业的基本信息发生变化，或已经公开的车型信息需要修改，如何操作，需要什么资料？

A 部分基本信息可直接使用企业相应权限的账户自行修改，具体可参考操作手册第二章　注册与企业管理→企业资料；另一部分则需联系相关人员进行变更。已经信息公开的车型信息需要修改，则需联系相关人员进行变更更正。变更更正操作请登录环保信息公开系统，首页右侧通知栏点击“变更、更正相关资料”，下载文件模板，按要求提供材料。

Q 17. 附录中存在多种配置情况，其中一条配置信息没有填写完整，另一个配置车型已经公开，请问信息没有填写完整的配置能否修改？

A 需进行更正。

Q 18. 重型车装配的发动机没有进行信息公开或入库，发动机厂家没有完成这项工作。如何进行发动机信息公开或入库？

A 整车企业可以对发动机进行型式检验，完成后将发动机公开或入库。

Q 19. 如何在已备案的附录中增加整备质量、尺寸等信息？

A 打开已备案的附录，点击加号，新增质量、尺寸等信息，并点击提交。

Q 20. 查询到相应的发动机型号后，为什么不能新增到我们的动力系统？

A 需要发动机企业将该发动机型号对整车企业进行授权，授权完成后才可以使用该发动机相关信息。

Q 21. 在随车清单上传的时候，提示“第 1 行公开信息编号格式不正确”，无法上传，请问怎么回事？

A 请确认信息公开编号格式是否正确，具体参考《机动车环保信息公开技术规范》（HJ 1350—2024）。

Q 22. 信息公开主体企业名称发生变化，信息公开系统的企业代码是否也会变化？企业代码体现到信息公开编号中，会不会对已公开的车型信息公开编号有影响？

A 企业代码是信息公开企业注册时系统自动生成的，是永久不变的。也不会影响公开车型的信息公开编号。